理论力学练习册

（第 4 版）

同济大学航空航天与力学学院
基础力学教学研究部 编

同济大学出版社
TONGJI UNIVERSITY PRESS
·上海·

内 容 提 要

《理论力学练习册(第4版)》是配套《理论力学(第4版)》教材内容编写的，根据教学大纲要求设置对应于教材内容的练习题，练习题与工程和生活实际相结合，具有很强的工程应用背景。学生通过练习能够巩固和掌握课程内容，并进一步加深对基本概念和基本原理的理解和掌握。

本练习册适合与《理论力学(第4版)》教材配套使用。

图书在版编目(CIP)数据

理论力学练习册 / 同济大学航空航天与力学学院基础力学教学研究部编. --4版. --上海：同济大学出版社，2024.6

ISBN 978-7-5765-1187-1

Ⅰ. ①理… Ⅱ. ①同… Ⅲ. ①理论力学－高等学校－习题集 Ⅳ. ①O31-44

中国国家版本馆CIP数据核字(2024)第110982号

理论力学练习册(第4版)

同济大学航空航天与力学学院基础力学教学研究部　编

责任编辑　胡晗欣　　责任校对　徐逢乔　　封面设计　潘向蓁

出版发行　同济大学出版社　　www.tongjipress.com.cn

(地址：上海市四平路1239号　邮编：200092　电话：021-65985622)

经　　销　全国各地新华书店

印　　刷　常熟市大宏印刷有限公司

开　　本　787mm×1092mm　1/16

印　　张　4.25

字　　数　85 000

版　　次　2024年6月第4版

印　　次　2024年6月第1次印刷

书　　号　ISBN 978-7-5765-1187-1

定　　价　24.00元

前　言

本练习册配合《理论力学(第 4 版)》教材内容使用,活页装订成册,每次作业均针对一个教学主题,使用时可根据专业特点、教学时数、教学方法的不同,对内容和次序进行适当的调整和取舍。《理论力学练习册(第 4 版)》在原有《理论力学练习册(第 3 版)》基础上进行修改,更换了练习册中的部分习题,使习题和教材内容更贴切,完善了部分习题题干中的条件,另外对一些习题进行了扩展,使习题能更好地覆盖教材的教学内容。

本练习册由同济大学航空航天与力学学院基础力学教学研究部王华宁、温建明修订,不妥之处请读者指正。

同济大学航空航天与力学学院
基础力学教学研究部
2024 年 6 月

第 3 版前言

本练习册是配合《理论力学(第 3 版)》教学使用的,练习册使用时可根据各专业的特点、教学时数、教学方法的不同,对内容和次序进行适当的调整。根据修订后的《理论力学(第 3 版)》教材,本练习册修订时调整了习题次序,并更换了练习册中的部分习题。

本练习册由同济大学教师温建明、蒋丰、王莉华、汤可可修订,不妥之处请读者指正。

同济大学航空航天与力学学院
基础力学教学研究部
2018 年 1 月

修订版前言

本练习册是配合理论力学教学使用的，适用于高等院校工科类相关专业。练习册内容包括刚体静力学、运动学、动力学以及分析力学的部分内容，使用时可根据各专业的特点、教学时数、教学方法的不同，对内容和次序作适当的调整。

根据3年的使用情况，本次修订时，更换了练习册中部分习题，并将习题次序重新编排。

本练习册由同济大学教师王斌耀、温建明编写，徐鉴主编。练习册主要供高等院校本科生练习之用，也可供高等职业学院、函授大学及其他大专院校本科生学习参考。

同济大学航空航天与力学学院
基础力学教学研究部
2007年10月30日

第 1 版前言

本练习册是配合理论力学教学使用的，适用于高等院校工科相关专业。练习册内容包括刚体静力学、运动学、动力学以及分析力学的部分内容，使用时可根据各专业的特点、教学时数、教学方法的不同，对内容和次序作适当的调整。

本练习册由同济大学教师王斌耀、温建明编写，徐鉴主编。练习册可作为高等职业学院、函授大学等学生练习之用，也可供其他大专院校本科生及研究生参考。

同济大学航空航天与力学学院
基础力学教学研究部
2005 年 1 月 25 日

目　录

姓名　　　　　　班级　　　　　　学号　　　　　　日期

力的基本概念

1. 一力作用于长方体棱角 D 如图所示。已知：$F=100\ \text{N}$，$\varphi=\arctan\dfrac{3}{4}$，$\theta=\arctan\dfrac{4}{3}$，$l_1=15\ \text{cm}$，$l_2=16\ \text{cm}$，$l_3=12\ \text{cm}$。试将力 $\boldsymbol{F}$ 用基矢量表示，并计算其在长方体对角线 AB 上的投影。

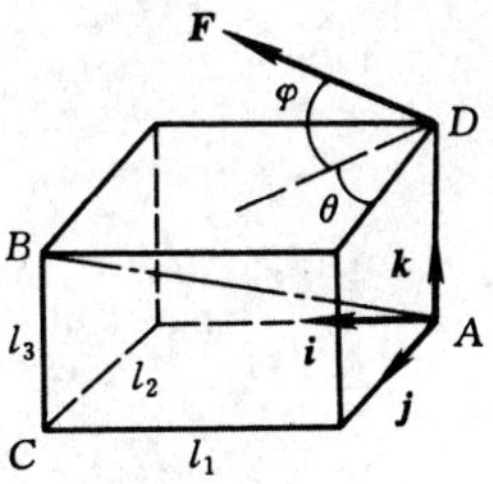

2. 力 $\boldsymbol{F}$ 沿边长为 l_1，l_2，l_3 的长方体的一棱边作用如图所示。试计算力 $\boldsymbol{F}$ 对长方体对角线 OC 的矩。

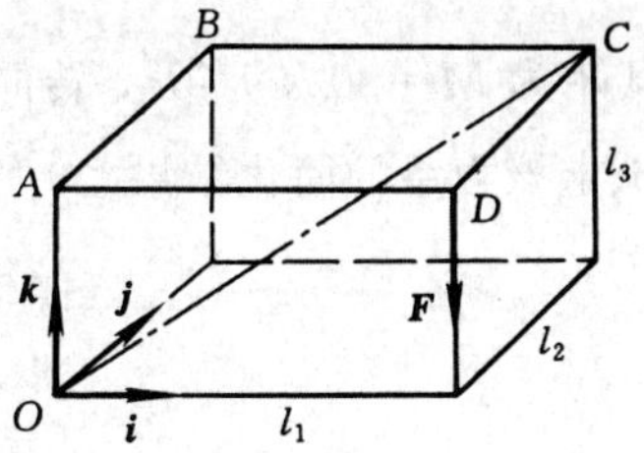

3. 已知长方体的边长 $l_1=18\ \text{cm}$，$l_2=l_3=10\ \text{cm}$，力 $\boldsymbol{F}$ 的大小为 1 kN，方向如图所示。试求力 $\boldsymbol{F}$ 对 y 轴及 CD 连线的矩。

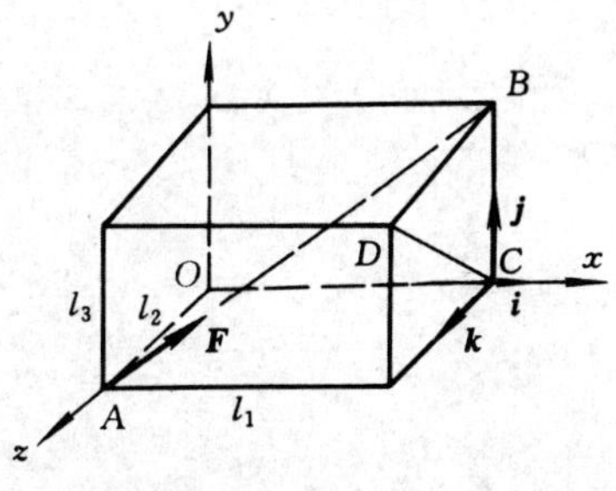

姓名 班级 学号 日期

力系简化(1)

1. 汇交力系($\boldsymbol{F}_1,\boldsymbol{F}_2,\boldsymbol{F}_3$)的作用点在边长为 2 m 的正六面体相应的顶点 O 上,三力的大小分别为 $F_1=6$ N,$F_2=2\sqrt{2}$ N,$F_3=4\sqrt{2}$ N,试求合力的大小与方向。

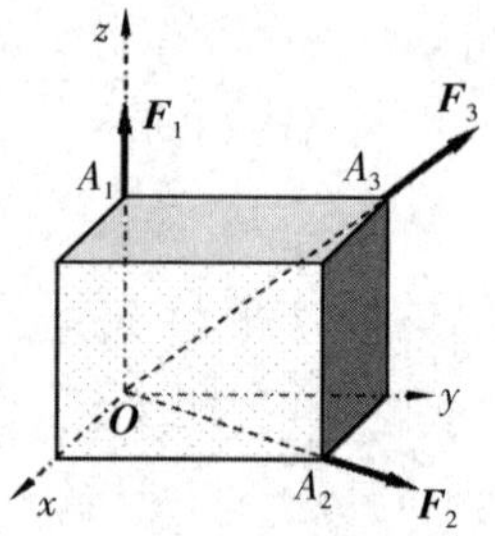

2. 在图示边长为 1 m 的正方体表面 $ABIE$ 内作用一力偶,其矩为 $M=50$ kN·m,转向如图所示;又沿 GA,BH 作用两力 $\boldsymbol{F}$,$\boldsymbol{F}'$,且 $F=F'=50\sqrt{2}$ kN。试求该力系的简化结果。

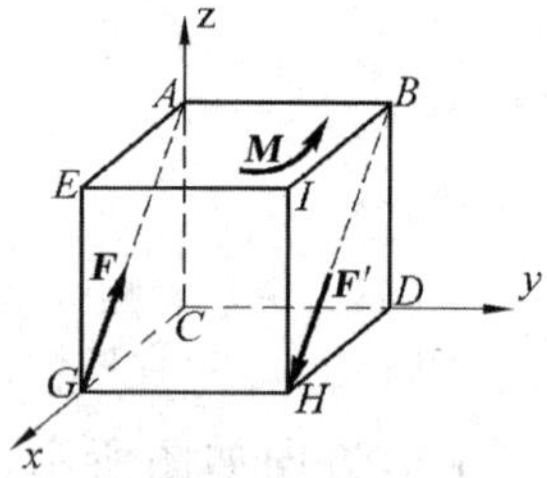

姓名　　　　　　班级　　　　　　学号　　　　　　日期

力系简化(2)

1. 图示力系由 $\boldsymbol{F}_1$,$\boldsymbol{F}_2$,$\boldsymbol{F}_3$,$\boldsymbol{F}_4$ 和 $\boldsymbol{F}_5$ 组成,其作用线分别沿六面体棱边。已知:$F_1=F_3=F_4=F_5=5\ \text{kN}$,$F_2=10\ \text{kN}$,$\overline{OA}=\dfrac{\overline{OC}}{2}=1.2\ \text{m}$。试求力系向坐标原点 O 简化的主矢、主矩及最终简化结果。

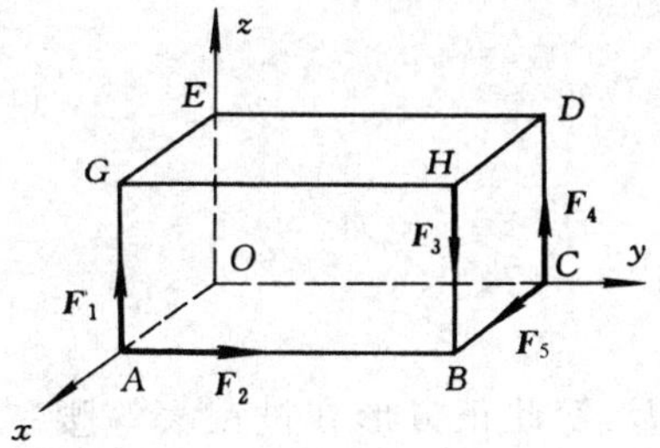

2. 一空间力系如图所示,已知:$F_1=F_2=100\ \text{N}$,$M=20\ \text{N}\cdot\text{m}$,$b=300\ \text{mm}$,$l=h=400\ \text{mm}$。试求力系向坐标原点简化的主矢、主矩及最终简化结果。

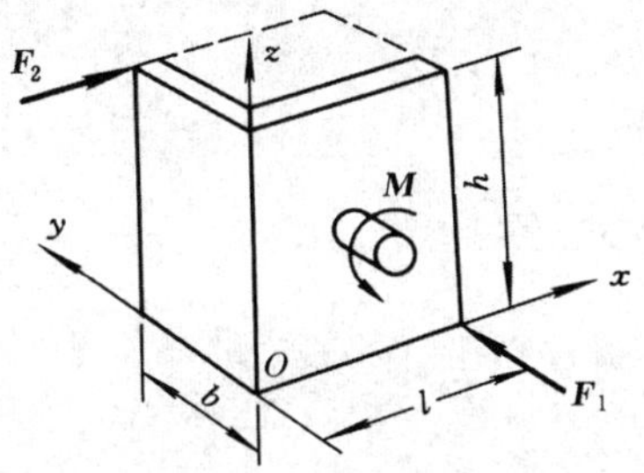

姓名　　　　　　班级　　　　　　学号　　　　　　日期

力系简化(3)

1. AB 杆上作用平面任意力系,已知 $q=3$ N/m,$a=1$ m ,$F=qa$,$M=qa^2$, 求力系向点 A 简化的结果,并求合力作用线方程。

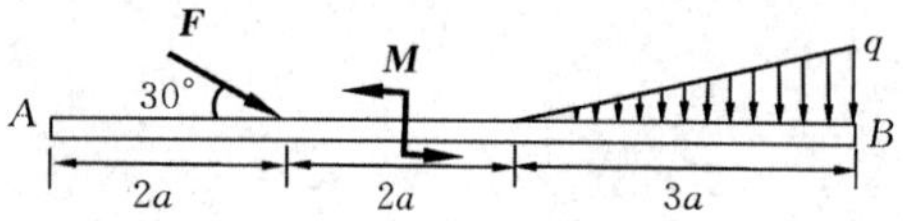

2. 已知正方形 $OADB$ 的边长为 l,试在其中求出一点 E,使此正方形在被截去等腰三角形 OEB 后,点 E 即为剩余面积的重心。

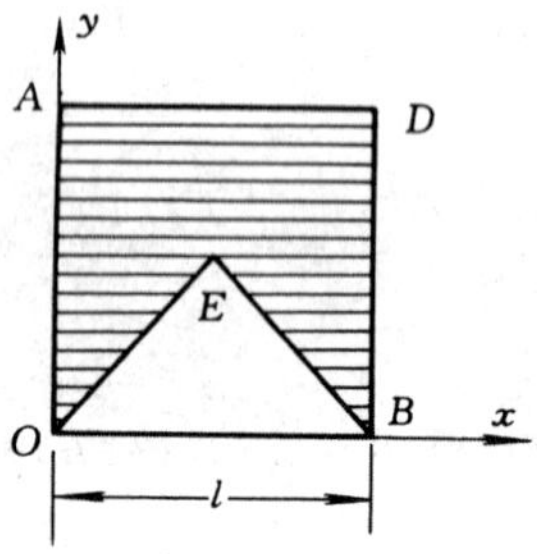

3. 如图所示由 9 根匀质细杆组成的桁架,求该结构的重心位置。

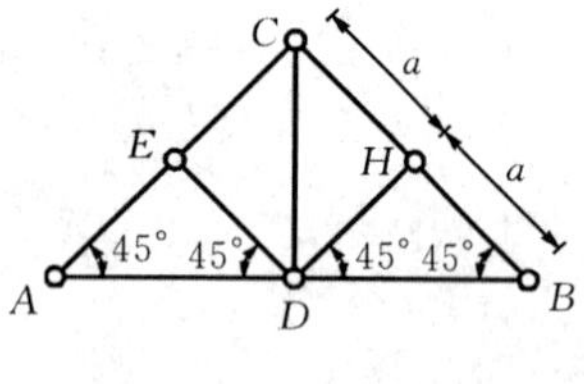

姓名　　　　　　　班级　　　　　　　学号　　　　　　　日期

受力分析

1. 试分别画出下列指定物体的受力图。物体的重力除图上注明外,均略去不计,所有接触处均假定为光滑。

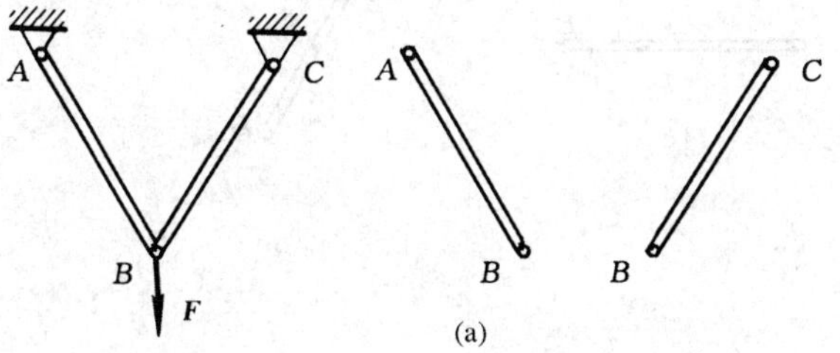

(a)

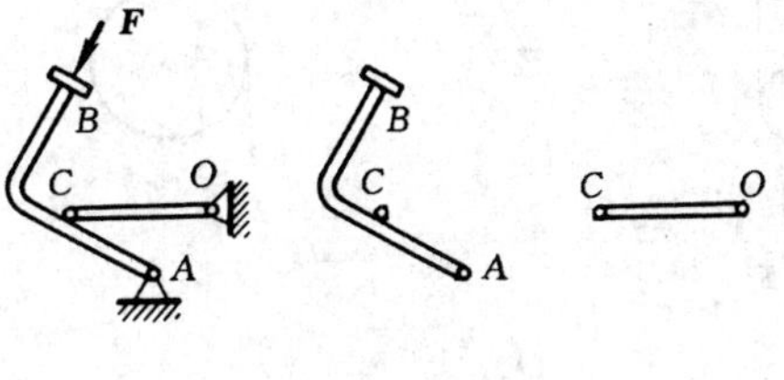

(b)

2. 试分别画出下列各物体系统中每个物体以及整体的受力图。物体的重力除图上注明外,均略去不计,所有接触处均假定为光滑。

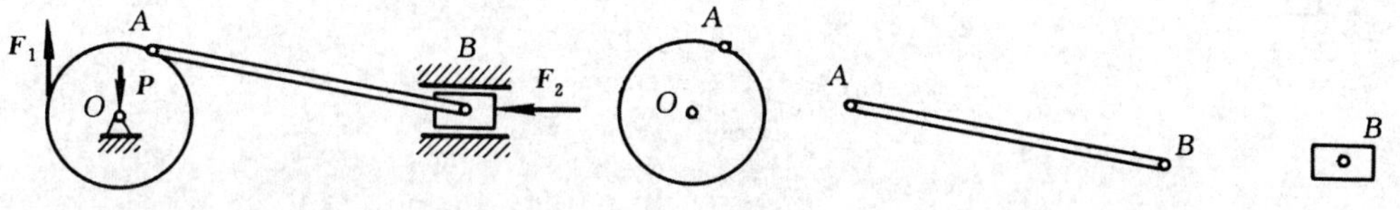

(a)

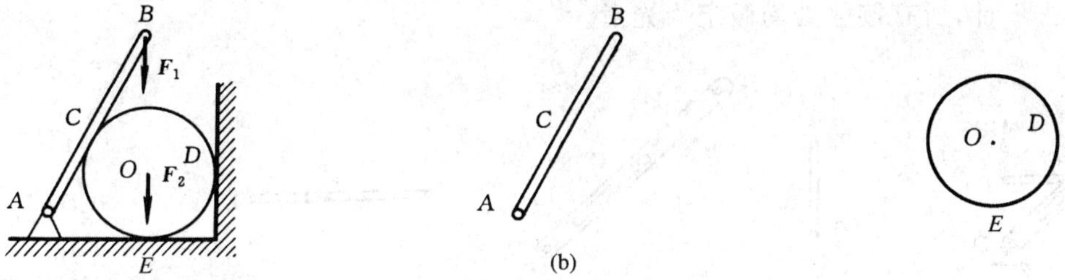

(b)

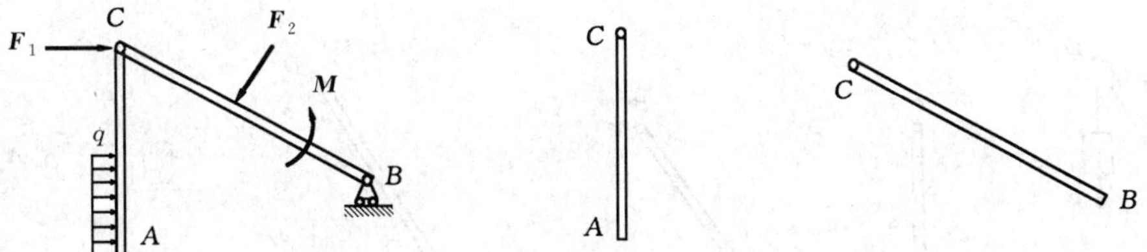

(c)

姓名　　　　　　　　班级　　　　　　　　学号　　　　　　　　日期

3．试分别画出图示构架中滑轮 A 和杆 AB，CD 的受力图。物体的重力除图上注明外，均略去不计，所有接触处均假定为光滑。

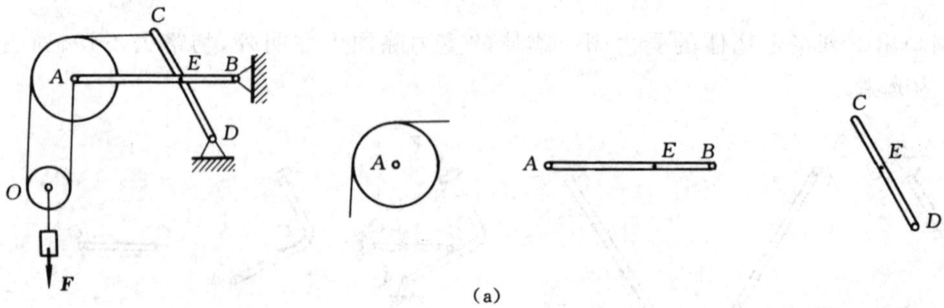

(a)

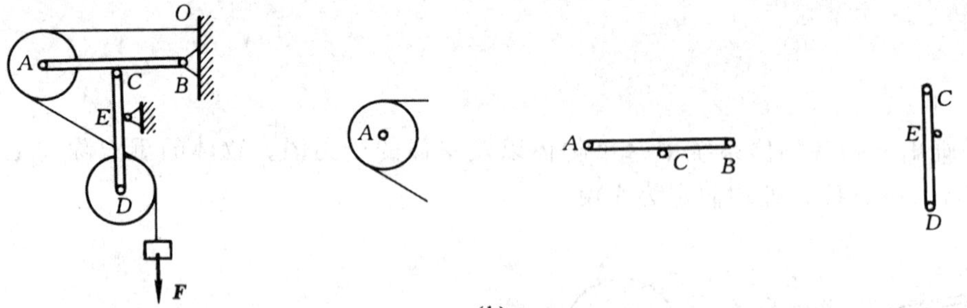

(b)

4．试画出下列各物体系统中每个物体、整体及销钉 A 的受力图。物体的重力除图上注明外，均略去不计，所有接触处均假定为光滑。

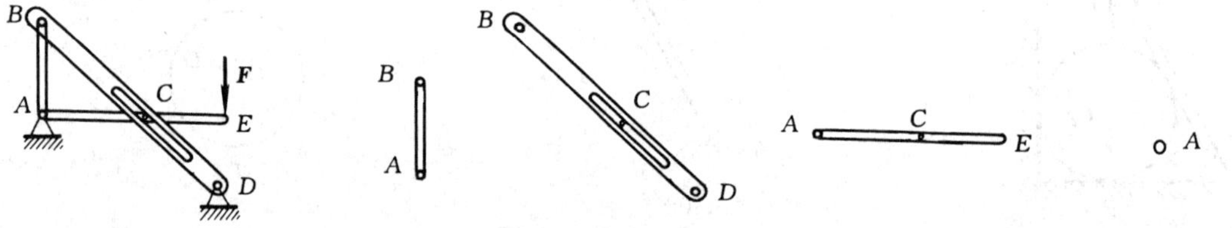

(a)

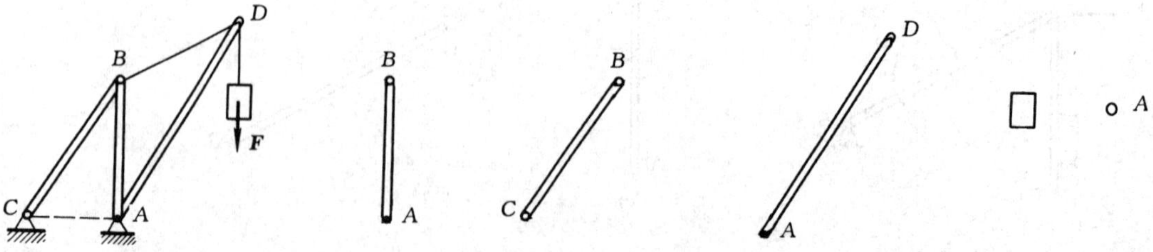

(b)

姓名　　　　　　班级　　　　　　学号　　　　　　日期

力系的平衡(1)

1. 矩形板用 6 根杆支承于水平位置，在点 A，B 分别作用一力 $\boldsymbol{F}$（沿 AD 向）与 $\boldsymbol{F}'$（沿 BC 向），已知：$F=F'=1\ \text{kN}$，$b=1.5\ \text{m}$，$h=2\ \text{m}$。试求各杆的力。

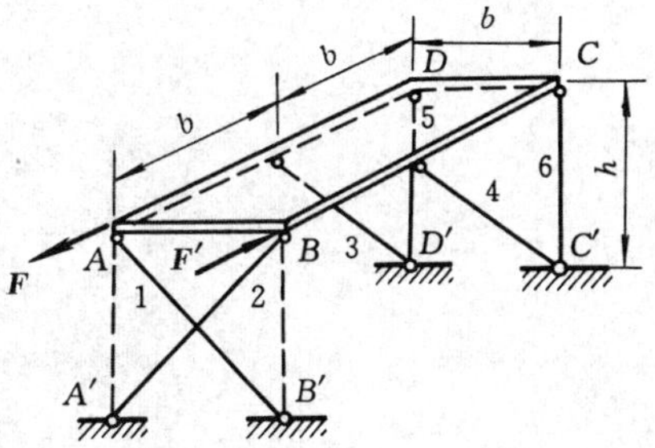

2. 一起重装置如图所示，已知：链轮的半径为 r_1，鼓轮的半径为 r_2（链轮与鼓轮固结成一体），且 $r_1=2r_2$；链轮和鼓轮的重力共为 $P_1=2\ \text{kN}$，被吊物体的重力 $P_2=10\ \text{kN}$，链条拉力 $\boldsymbol{F}_1$ 和 $\boldsymbol{F}_2$ 平行，并沿 x 轴向，且 $F_1=2F_2$，尺寸 $h=1\ \text{m}$。试求平衡时链条的拉力 $\boldsymbol{F}_1$ 及 A，B 轴承处的约束力。

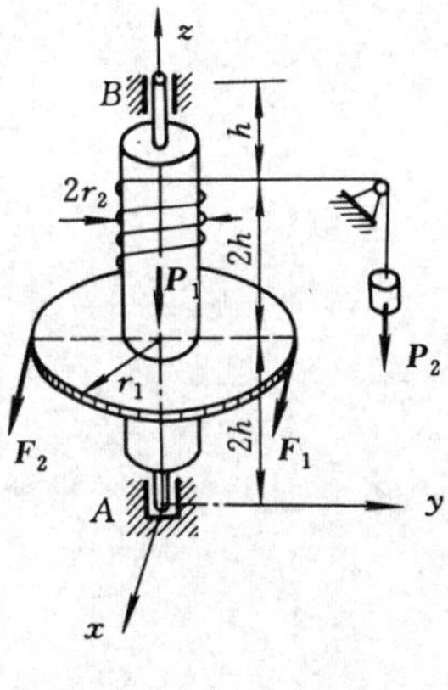

姓名　　　　　　　班级　　　　　　　学号　　　　　　　日期

3. 杆 AB 与杆 DC 在 C 处为光滑接触，两杆分别受力偶矩 $\boldsymbol{M}_1$ 与 $\boldsymbol{M}_2$ 作用。试问 M_1 与 M_2 的比值为多大时，才能在 $\varphi=60°$位置平衡？

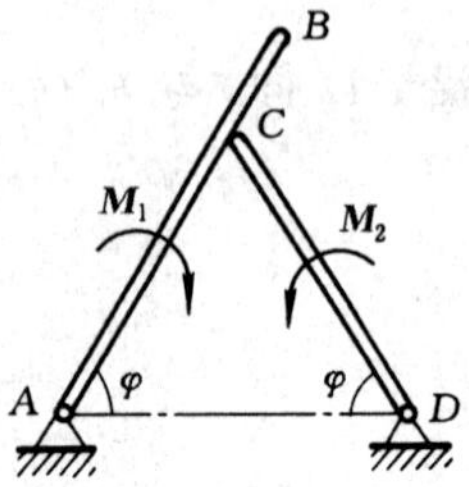

4. 图示刚性曲梁，受力 $\boldsymbol{F}$，$\boldsymbol{F}_1$ 和力偶矩 $\boldsymbol{M}$ 作用，其中 $M=\dfrac{1}{2}FL$，$F_1=\sqrt{2}F$，$\theta=45°$。试求支座 A，B 的约束力。

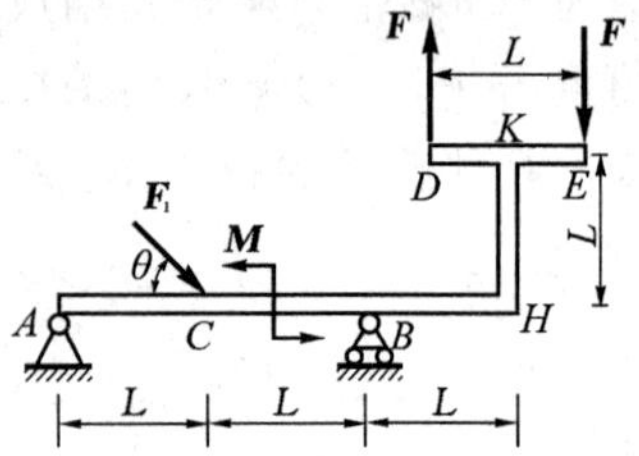

姓名　　　　　　　　班级　　　　　　　　学号　　　　　　　　日期

力系的平衡(2)

1. 人字形梯子放在光滑地面上，人重 $\boldsymbol{P}$，站在 G 点，尺寸如图所示。求绳子 DE 的拉力和 C 铰处的约束力。

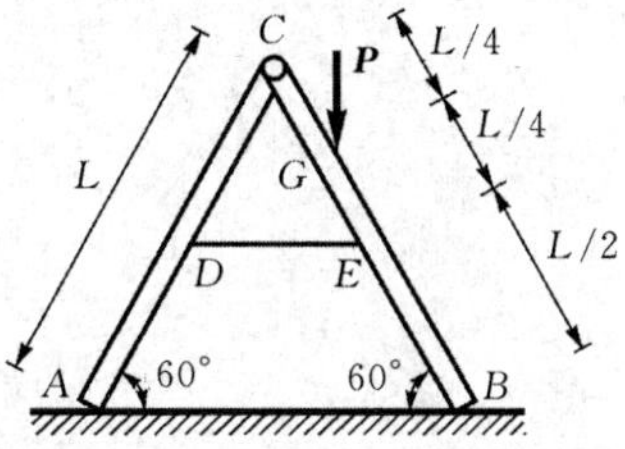

2. 起重机在多跨梁上如图所示，已知：$P_1=50\,\text{kN}$，$P_2=10\,\text{kN}$，其重心位于铅垂线 EC 上，$b=1\,\text{m}$，$l=3\,\text{m}$。试求支座 A，B 和 D 处的力。

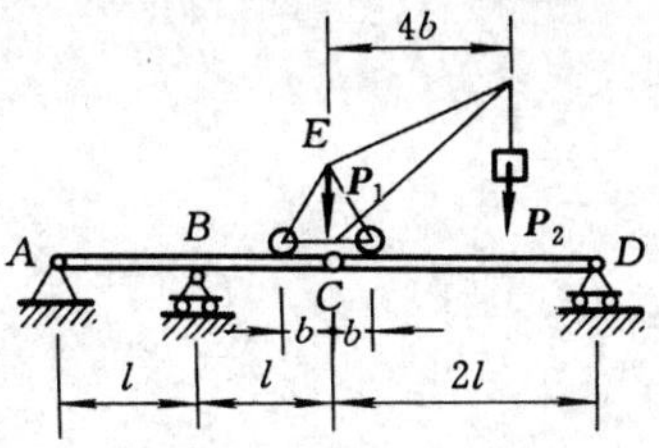

姓名　　　　班级　　　　学号　　　　日期

3. 如图所示两根水平杆 AB,CD 与垂直杆铰接。各杆重力均为 $\boldsymbol{P}$,长均为 $2a$,在 AB 杆上作用三角形分布荷载,其最大值为 q_1,BC 上作用一力偶,其矩为 $\boldsymbol{M}$,CD 上作用均布载荷 q_2。试求固定端 A 与铰支座 D 的约束力。

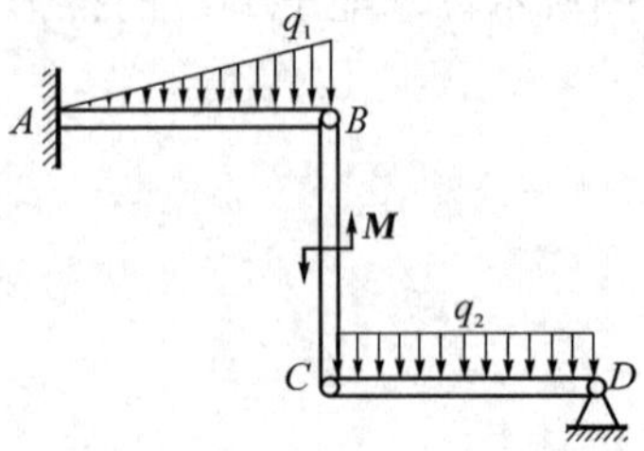

4. 图示结构中各杆、滑轮、绳的重量忽略不计,重物 G 的重力大小为 $F_p=1000\,\mathrm{N}$,力偶的矩 $M=500\,\mathrm{N\cdot m}$,$q=100\,\mathrm{N/m}$,$L=2\,\mathrm{m}$,$r=0.5\,\mathrm{m}$。求平衡时支座 A,B 的约束力。

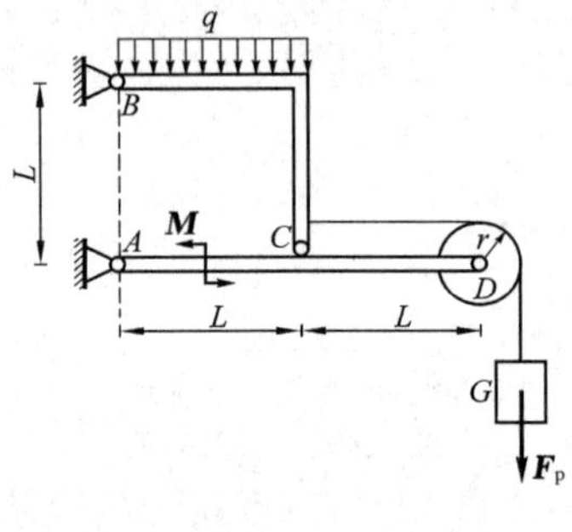

姓名　　　　　　班级　　　　　　学号　　　　　　日期

桁　架

1. 桁架如图所示，已知：$F=3\,\text{kN}$，$l=3\,\text{m}$。试用节点法计算各杆的内力。

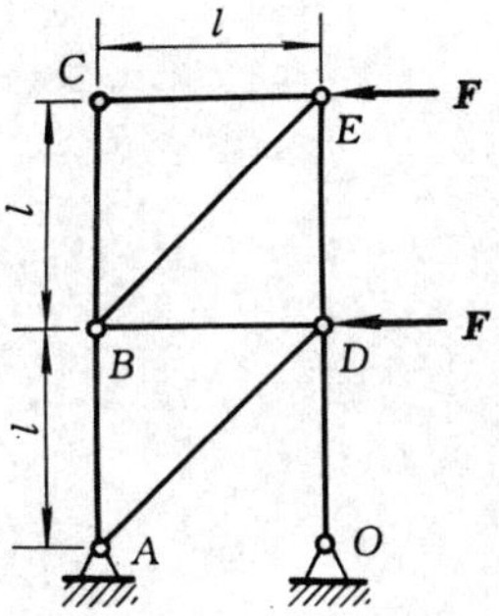

2. 在图示平面桁架中，已知：$F=500\,\text{N}$，$L=2\,\text{m}$。试求杆 1、杆 2、杆 3 的内力。

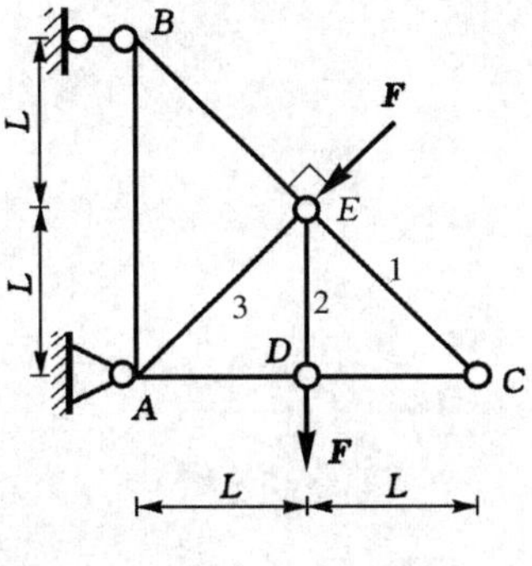

姓名　　　　　　　　班级　　　　　　　　学号　　　　　　　　日期

3. 图示梁 HI 由平面桁架支承，已知：$q=3\,\mathrm{kN/m}$，$F=4\,\mathrm{kN}$，$L=1\,\mathrm{m}$。试求杆 1、杆 2、杆 3 的内力。

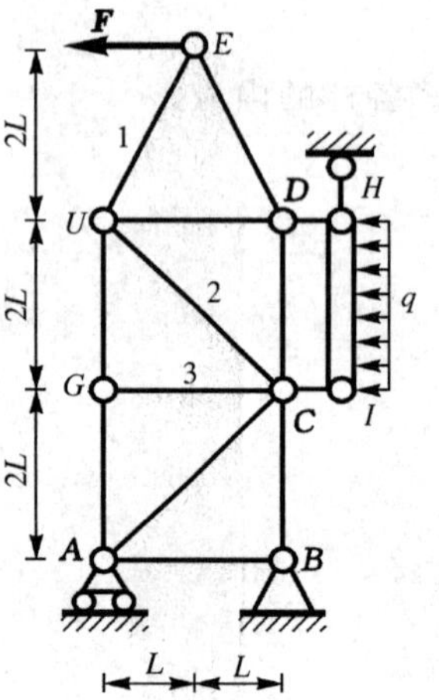

4. 桁架如图所示，已知力 $\boldsymbol{F}$，尺寸 l。试求杆 BC、杆 DE 的内力。

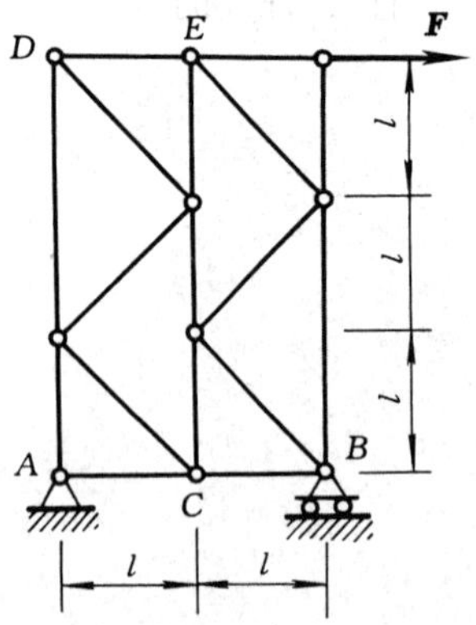

姓名 班级 学号 日期

摩擦(1)

1. 楔块顶重装置如图所示,已知:物块 B 的重力为 $\boldsymbol{P}$,与楔块之间的静摩擦因数为 f_s,楔块顶角为 θ。试求:(1)使物块 B 保持平衡所需的力 $\boldsymbol{F}$;(2)不加力 $\boldsymbol{F}$ 能使物块 B 处于自锁的角 θ 的值。

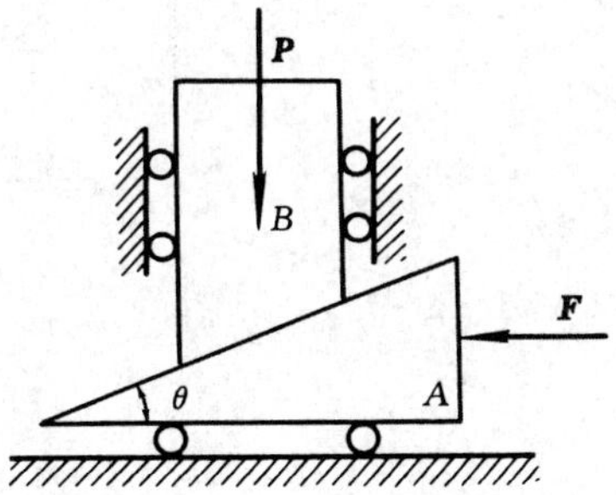

2. 半径为 r、重力为 $\boldsymbol{P}$ 的匀质圆盘如图所示,其与固定面间的静摩擦因数均为 f_s。试求使圆盘保持静止不动的最大力偶矩 M_{max}。

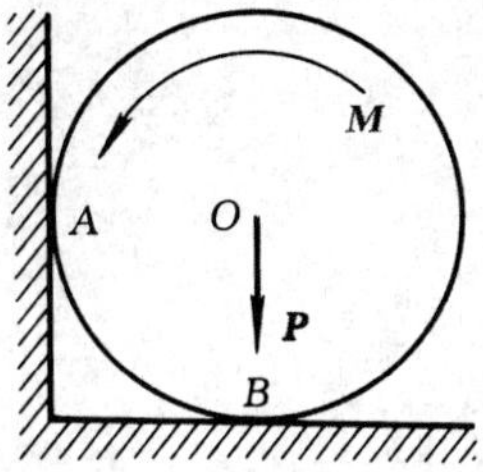

姓名　　　　　　　班级　　　　　　　学号　　　　　　　日期

3. 匀质矩形物体 $ABCD$ 如图所示，已知：AB 宽 $b = 10\,\mathrm{cm}$，BC 高 $h = 40\,\mathrm{cm}$，其重力大小 $P_1 = 50\,\mathrm{N}$，与斜面间的静摩擦因数 $f_s = 0.4$，斜面的斜率为 3/4，绳索 AE 段为水平。试求使物体保持平衡的最小重力 $P_{2\min}$。

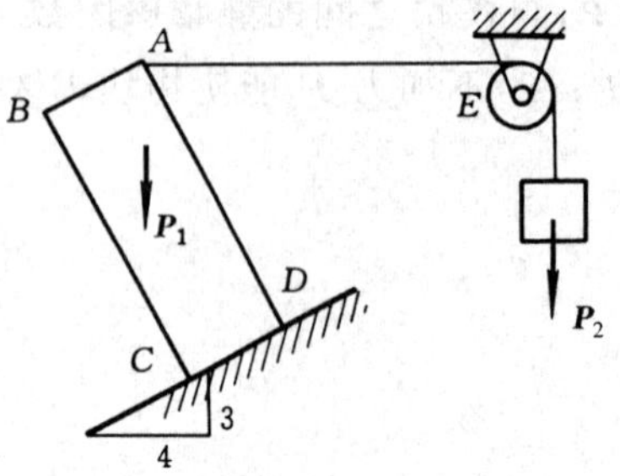

姓名　　　　　　班级　　　　　　学号　　　　　　日期

摩擦(2)

1. 图示一制动系统。已知：$l=6\,\mathrm{cm}$，$r=10\,\mathrm{cm}$，静滑动摩擦因数 $f_s=0.4$，在鼓轮上作用一力偶矩 $M=500\,\mathrm{N\cdot cm}$ 的力偶。试求当鼓轮未转时，B 处液压缸施加的最小力：(1)施加的力偶为顺时针转向；(2)施加的力偶为逆时针转向。

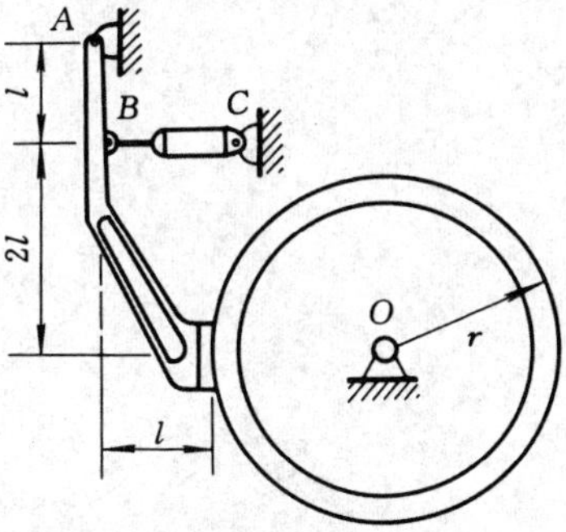

2. 物块 A 的重力 $P_A=300\,\mathrm{N}$，匀质轮 B 的重力 $P_B=600\,\mathrm{N}$，物块 A 与轮 B 接触处的静摩擦因数 $f_{s1}=0.3$，轮与地面间的静摩擦因数 $f_{s2}=0.5$。试求能拉动轮 B 的水平拉力 F 的最小值。

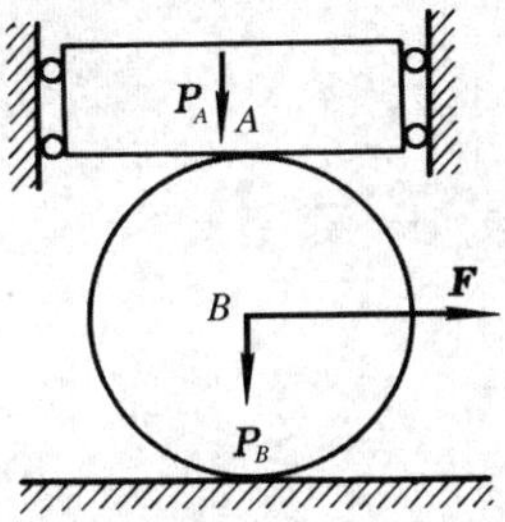

姓名　　　　　班级　　　　　学号　　　　　日期

3. 一旋转轴受轴向力 $F=10\ \mathrm{kN}$，轴的半径 $r=25\ \mathrm{mm}$，$R=75\ \mathrm{mm}$，其上的力偶矩 $M=150\ \mathrm{N\cdot m}$。试求能使系统保持平衡的静摩擦因数的最小值。

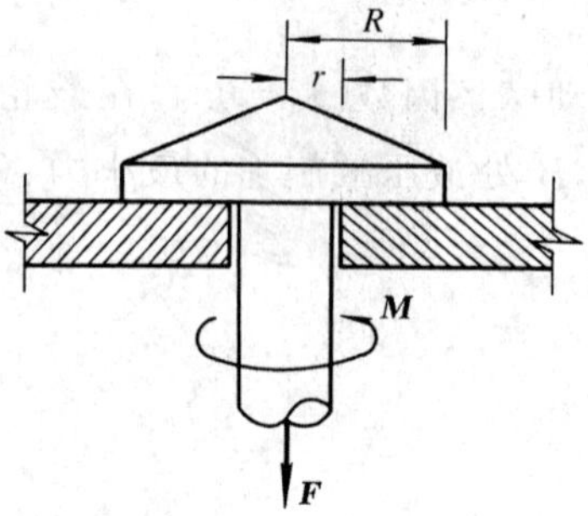

4. 一匀质轮半径为 R，轮与水平面间的滚阻系数为 δ。试问水平力 $\boldsymbol{F}$ 使轮只滚动而不滑动时，轮与水平面间的静摩擦因数 f_s 需满足什么条件？

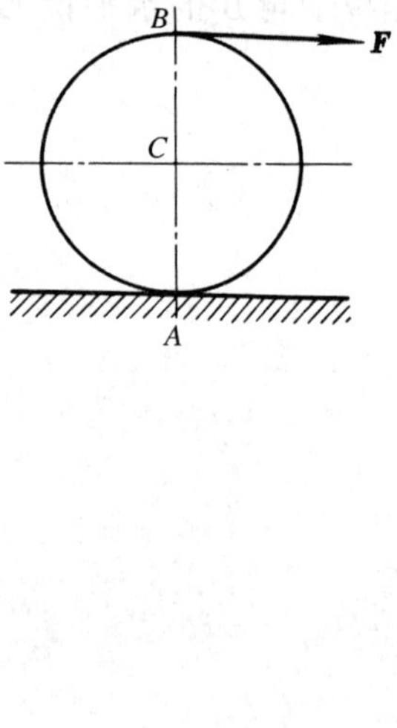

姓名　　　　班级　　　　学号　　　　日期

静坐标系质点运动学

1. 从水面上方高 $h=20\,\text{m}$ 的岸上一点 D，用长 $l=40\,\text{m}$ 的绳系住一船 B。今在 D 处以匀速 $v=3\,\text{m/s}$ 牵拉绳，使船靠岸，试求当 $t=5\,\text{s}$ 时，船的速度 v_B。

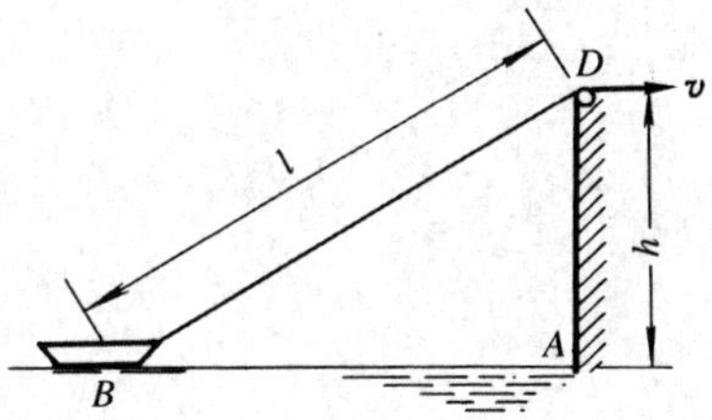

2. 小环 M 在铅垂面内沿曲杆 $ABCE$ 从点 A 由静止开始运动。在直线段 $AB(AB=R)$上，小环的加速度为 g，在半径为 R 的圆弧段 BCE 上，小环的切向加速度 $a_1=g\cos\varphi$。试求在点 $C(\varphi=90°)$、点 $D(\varphi=135°)$处的速度和加速度。

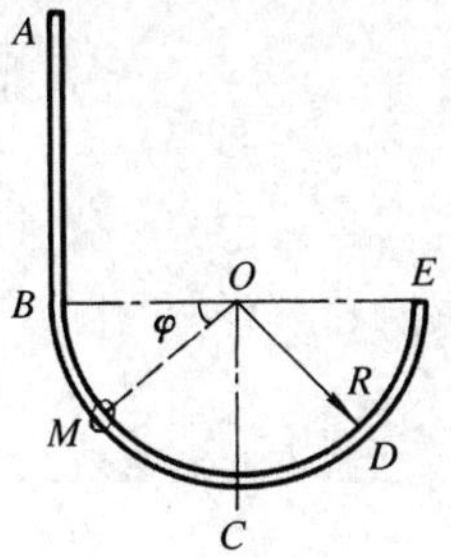

姓名　　　　班级　　　　学号　　　　日期

3．在平面曲线轨迹上运动的一质点，其速度向 x 轴上的投影在任何时刻均保持为常数 C。试证明在此情况下，其加速度为 $\frac{v^3}{C\rho}$（v 为点的速度大小，ρ 为轨迹的曲率半径）。

4．已知点在平面中的运动方程为：$x=x(t)$，$y=y(t)$，试证其切向和法向加速度为：$a_\tau=\frac{\dot{x}\ddot{x}+\dot{y}\ddot{y}}{\sqrt{\dot{x}^2+\dot{y}^2}}$，$a_n=\frac{|\dot{x}\ddot{y}-\dot{y}\ddot{x}|}{\sqrt{\dot{x}^2+\dot{y}^2}}$；而轨迹的曲率半径为：$\rho=\frac{(\dot{x}^2+\dot{y}^2)^{3/2}}{|\dot{x}\ddot{y}-\dot{y}\ddot{x}|}$。

姓名　　　　班级　　　　学号　　　　日期

刚体基本运动学

1. 机构如图所示，已知：$O_1A=O_2B=AM=r=0.2\ \mathrm{m}$，$O_1O_2=AB$，轮按 $\varphi=15\pi t$（φ 以 rad 计）的规律转动。试求当 $t=0.5\ \mathrm{s}$ 时，杆 AB 上点 M 的速度和加速度（并在图上画出速度与加速度）。

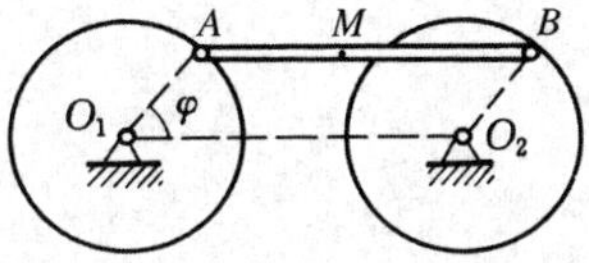

2. 飞轮绕轴 O 转动如图所示，已知：飞轮的初转角 $\varphi_0=0$，初角速度为 ω_0，轮缘上任一点的全加速度与轮半径的交角恒为 $\theta=60°$。试求飞轮的转动方程以及角速度与转角的关系。

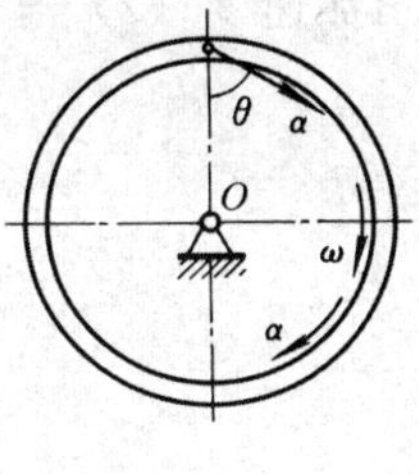

姓名　　　　　　班级　　　　　　学号　　　　　　日期

3. 千斤顶机构如图所示，已知：把柄 A 与齿轮 1 固结，转速为 30 rad/min，齿轮 1～4 齿数分别为 $z_1=6$，$z_2=24$，$z_3=8$，$z_4=32$；齿轮 5 的半径为 $r_5=4$ cm。试求齿条 B 的速度。

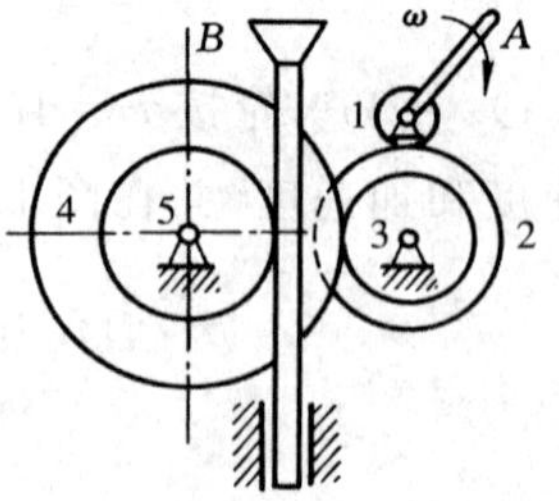

4. 摩擦传动机构的主动轴Ⅰ的转速为 $n=600$ rad/min。轴Ⅰ的轮盘与轴Ⅱ的轮盘接触，接触点按箭头 A 所示方向移动。已知：$r=5$ cm，$R=15$ cm，距离 d 的变化规律为 $d=10-0.5t$，式中，d 以 cm 计，t 以 s 计。试求：(1) 以距离 d 表示轴Ⅱ的角加速度；(2) 当 $d=r$ 时，轮 B 边缘上一点的全加速度大小。

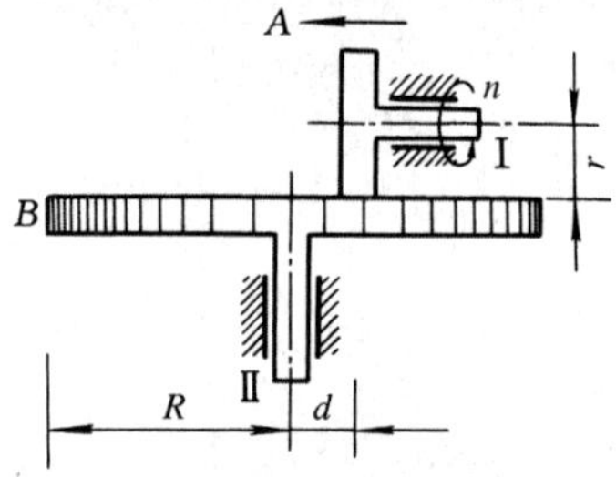

姓名　　　　班级　　　　学号　　　　日期

刚体平面运动学(1)

1. 差动机构如图所示，已知：$n=10\ \mathrm{rad/min}$，$r=5\ \mathrm{cm}$，$R=15\ \mathrm{cm}$，绳索的 EB 段和 DC 段是铅直的。试求圆管中心 O 的上升速度。

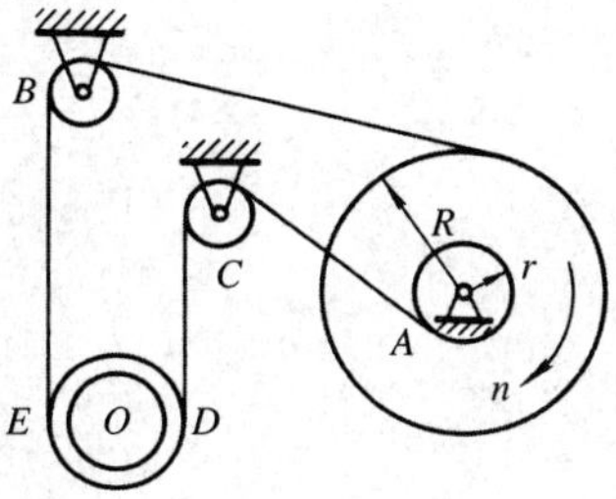

2. 四连杆机构如图所示，已知：曲柄 OA 和曲柄 O_1B 的长度均为 r，连杆 AB 长为 $2r$，曲柄 OA 的角速度 $\omega=3\ \mathrm{rad/s}$。试求当 $\varphi=90^\circ$、曲柄 O_1B 位于 O_1O 的延长线上时，连杆 AB 和曲柄 O_1B 的角速度。

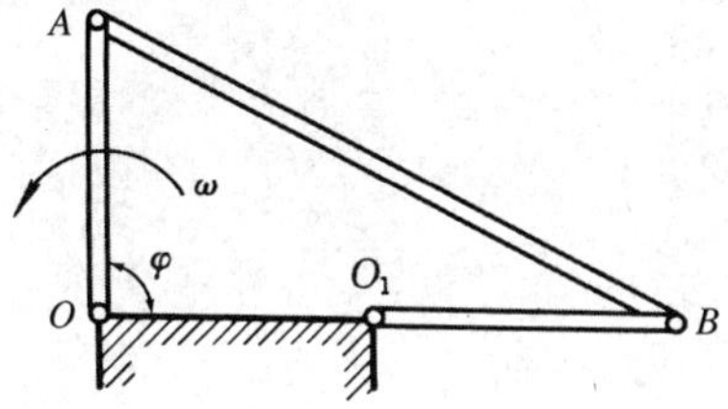

姓名　　　　　班级　　　　　学号　　　　　日期

3. 行星轮机构如图所示，已知：曲柄 OA 的匀角速度 $\omega=2.5\,\mathrm{rad/s}$，行星轮 Ⅰ 在定齿轮上作纯滚动，$r_1=5\,\mathrm{cm}$，$r_2=15\,\mathrm{cm}$。试求行星轮 Ⅰ 上 B，C，D，E（$CE\perp BD$）各点的速度。

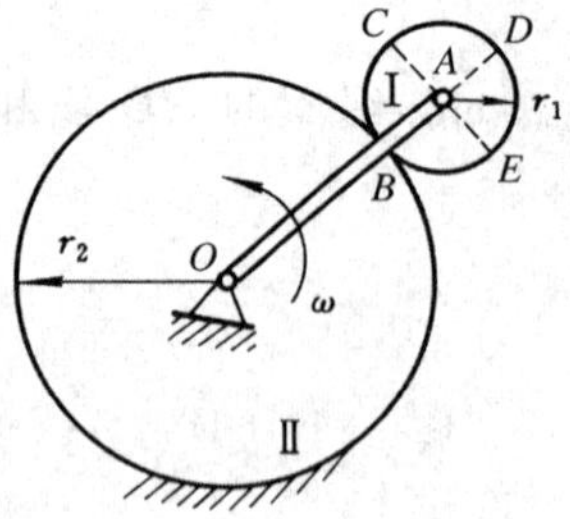

4. 如图所示，半径相等的两齿轮外啮合，两轮心的距离 $O_1A=2R$，$BC=R$，$OC=1.2R$，$AD=0.5R$，$DE=2.5R$，$\angle OCB=45°$，杆 DE 与水平夹角为 $30°$，A，B，C 在一条直线上，A，D，E 在一条直线上，O_1A 和 BC 分别位于水平和竖直方向。齿轮 A 与连杆 DE 固结。求齿轮 A、杆 O_1A 的角速度和滑块 E 的速度。

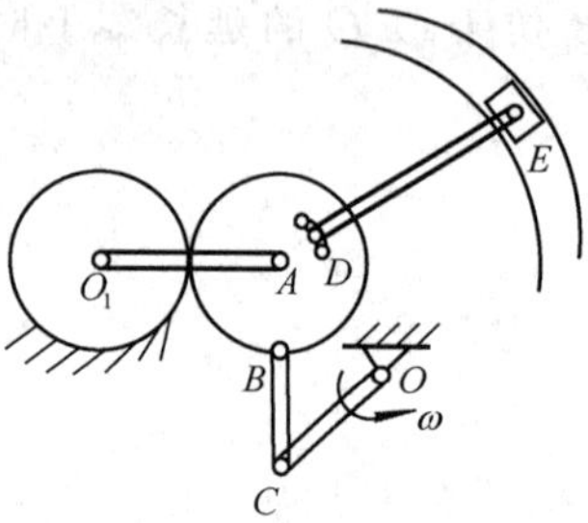

姓名　　　　　班级　　　　　学号　　　　　日期

刚体平面运动学(2)

1. 在图示行星齿轮机构中,齿轮半径均为 $r=12\,\text{cm}$。试求当杆 OA 的角速度 $\omega=2\,\text{rad/s}$、角加速度 $\alpha=8\,\text{rad/s}^2$ 时,齿轮Ⅰ上 B 和 C 两点的加速度。

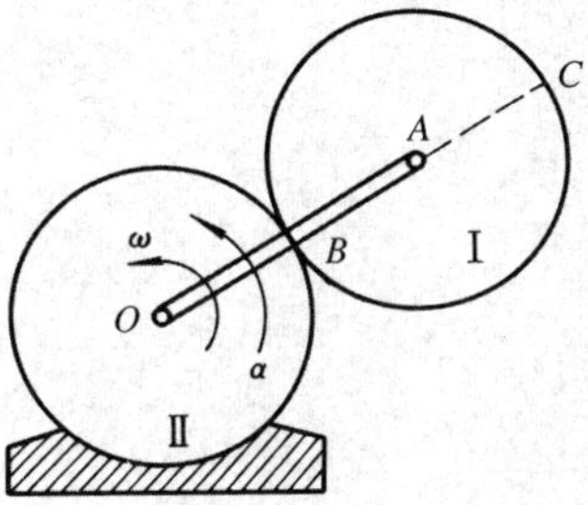

2. 反平行四边形机构如图所示,已知:曲柄 AB 与曲柄 CD 等长,长度均为 $l=40\,\text{cm}$,曲柄 BC 与 AD 等长,长度均为 $b=20\,\text{cm}$,曲柄 AB 以匀角速度 $\omega=3\,\text{rad/s}$ 绕点 A 转动。试求当 $CD\perp AD$ 时,杆 BC 的角速度与角加速度。

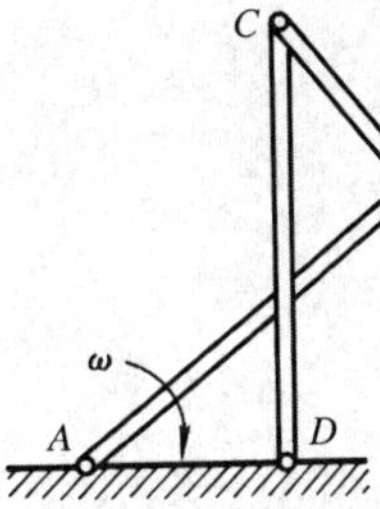

姓名　　　　　　　班级　　　　　　　学号　　　　　　　日期

3. 机构如图所示，已知：曲柄 OA 长为 r，以匀角速度 ω_O 转动，连杆 AB 长为 $6r$，连杆 BC 长为 $3\sqrt{3}r$，$\theta=60°$。试求在 $\varphi=\theta$、$AB\perp BC$ 瞬时滑块 C 的速度和加速度。

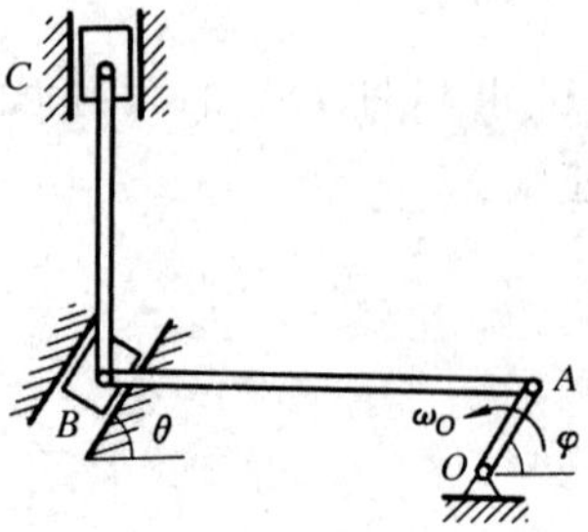

4. 机构如图所示，已知：曲柄 OA 长 $2r=1\,\text{m}$，以匀角速度 $\omega=2\,\text{rad/s}$ 转动，连杆 AB 长为 $2r$，固定圆弧槽半径 $R=2r$。试求当 OA 与 O_1B 竖直、AB 水平时，轮上 B，C 两点的速度和加速度。

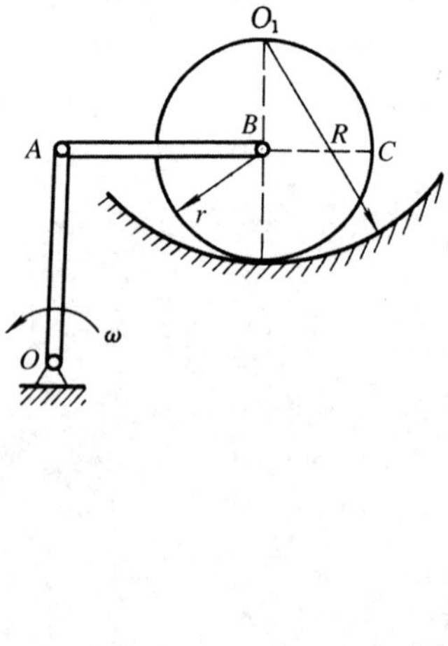

姓名　　　　班级　　　　学号　　　　日期

点的合成运动学(1)

1. 在滑道连杆机构中，曲柄以匀角速度 ω 转动，已知点 O 至杆 AB 的水平距离为 l。试求滑块 A 对曲柄 OC 的相对速度(表示成 φ 的函数)。

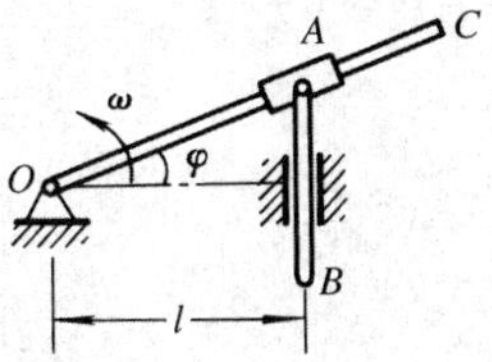

动点__________，作__________运动；

动系__________，作__________运动；

相对运动为________________运动。

2. 机构如图所示，已知：齿轮 D 的半径 $R=10\,\mathrm{cm}$，$l=40\,\mathrm{cm}$。当 $\varphi=30^\circ$ 时，齿条 OC 的角速度 $\omega=0.5\,\mathrm{rad/s}$，方向为逆时针，试求此瞬时轮 D 的角速度。

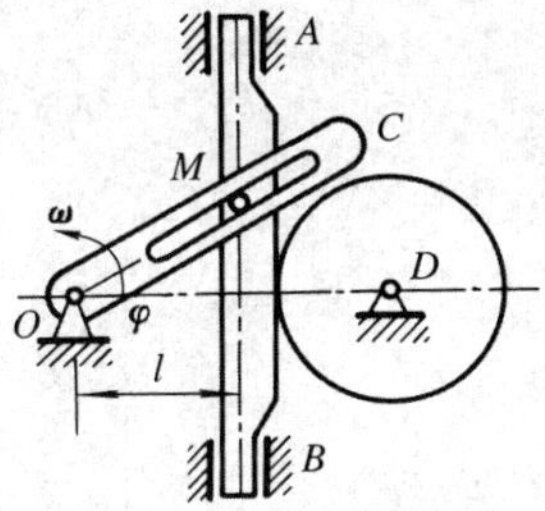

动点__________，作__________运动；

动系__________，作__________运动；

相对运动为________________运动。

姓名　　　　　班级　　　　　学号　　　　　日期

3. 半径为 r、偏心距为 e 的凸轮，以匀角速度 ω 转动，杆 AB 长为 l，A 端搁在凸轮上。试求图示杆 AB 水平并与 OA 线垂直时杆 AB 的角速度。

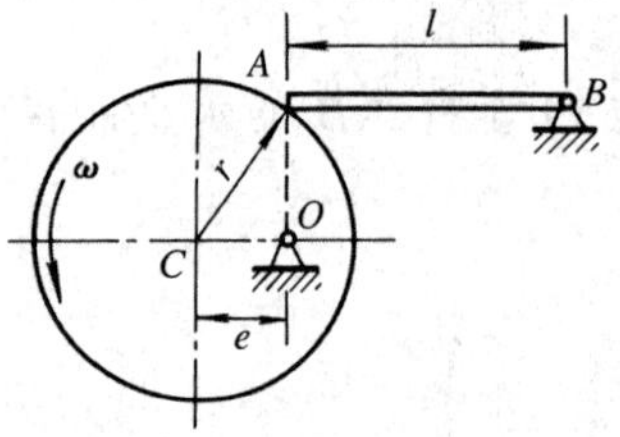

动点__________，作__________运动；

动系__________，作__________运动；

相对运动为________________运动。

4. 机构如图所示，杆 AB 可在套筒 O_1C 中滑动。已知曲柄 OA 以等角速度 $\omega = 1\ \mathrm{rad/s}$ 转动，曲柄长 $r = 0.3\ \mathrm{m}$，点 O_1 与点 C 的距离 $b = 0.4\ \mathrm{m}$。试求图示 $h = 2r$、$l = 4r$ 时套筒 O_1C 的角速度 ω_1。

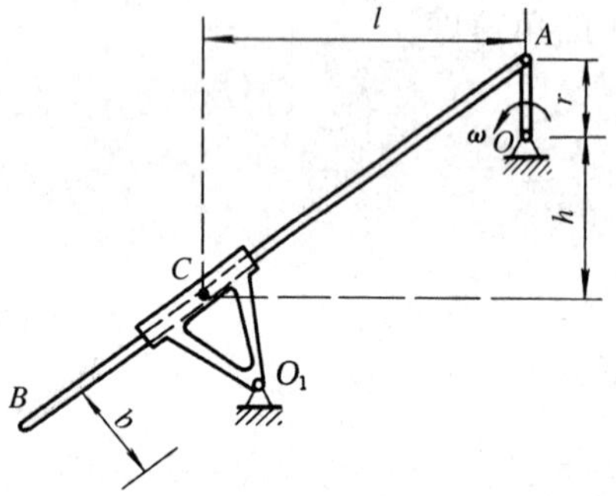

动点__________，作__________运动；

动系__________，作__________运动；

相对运动为________________运动。

姓名　　　　　　　　班级　　　　　　　　学号　　　　　　　　日期

点的合成运动学(2)

1. 半圆形凸轮半径为 R，当 $\theta=60°$时，凸轮的移动速度为 v，加速度为 a。试求此瞬时点 B 的速度与加速度。

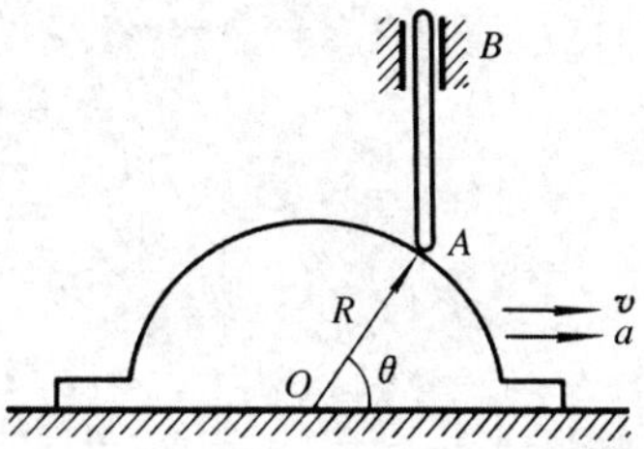

动点__________，作__________运动；

动系__________，作__________运动；

相对运动为________________运动。

2. 在图示机构中，物块 B 沿水平面向右以速度 $\boldsymbol{v}$ 匀速运动，并无滑动地带动轮 C 转动，从而使杆 AC 沿铅直轨道向上运动。已知：轮 C 半径为 R，$\theta=30°$。求杆 AC 运动的速度和加速度。

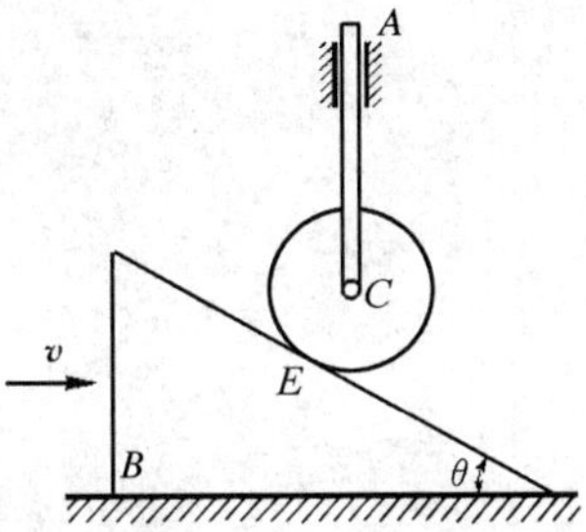

动点__________，作__________运动；

动系__________，作__________运动；

相对运动为________________运动。

姓名　　　　　　　班级　　　　　　　学号　　　　　　　日期

3. 机构如图所示，在图示瞬时，$l=150\ \text{mm}$，$h=200\ \text{mm}$，曲柄 OA 的角速度 $\omega_O=4\ \text{rad/s}$，角加速度 $\alpha_O=2\ \text{rad/s}^2$。试求此瞬时杆 O_1B 的角速度与角加速度。

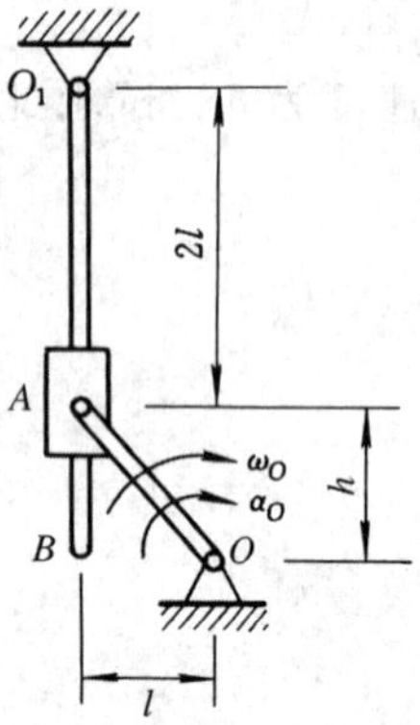

动点__________，作__________运动；
动系__________，作__________运动；
相对运动为________________运动。

4. 在图示机构中，杆 BD 可在套筒 O 处滑动，而套筒被铰接于 O 处，杆 BD 的 B 端以匀速 $v=450\ \text{mm/s}$ 运动，$l=225\ \text{mm}$。试求 $\theta=30°$时在杆 BD 上并与铰 O 重合的一点 A 的速度和加速度。

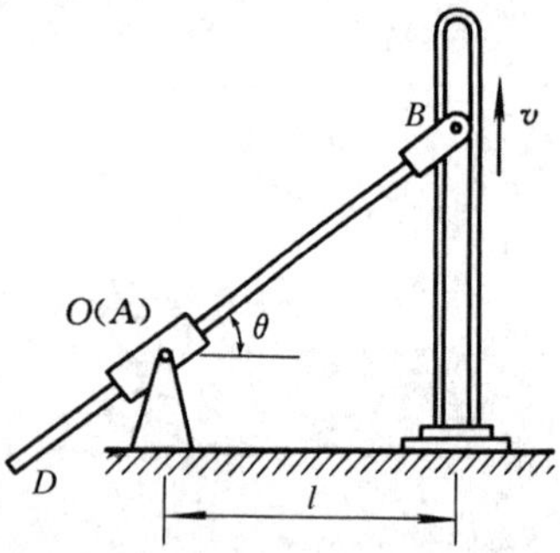

动点__________，作__________运动；
动系__________，作__________运动；
相对运动为________________运动。

姓名　　　　　　班级　　　　　　学号　　　　　　日期

运动学综合题

1. 机构如图所示，轮 O 作纯滚动，轮缘上固连的销钉 B 可在摇杆 O_1A 的槽内滑动。已知轮半径 $R=0.5\,\mathrm{m}$，轮心以匀速度 $v_O=20\,\mathrm{cm/s}$ 运动。试求在 $\theta=60°$、$\overline{OB}\perp\overline{O_1B}$ 瞬时摇杆的角速度和角加速度。

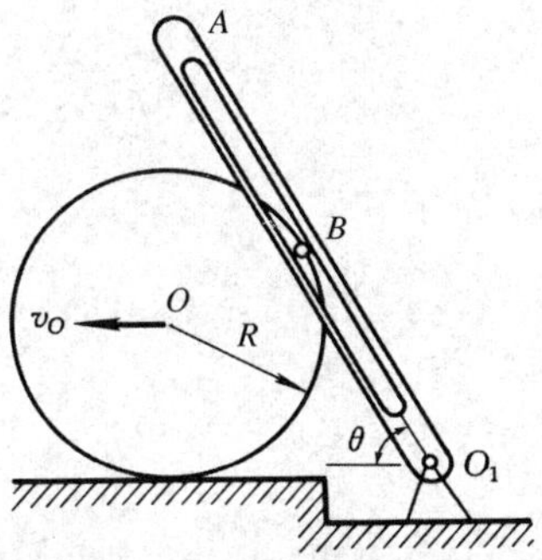

2. 曲柄滑块机构如图所示，已知：曲柄 OA 长 $r=40\,\mathrm{cm}$，套环 M 按规律 $AM=s=10t^2(\mathrm{cm})$ 沿连杆 AB 滑动。当 $t=2\,\mathrm{s}$ 时，$\varphi=30°$，曲柄处于竖直，其角速度 $\omega_1=1\,\mathrm{rad/s}$，角加速度 $\alpha_1=3\,\mathrm{rad/s^2}$。试求此瞬时套环 M 的绝对速度和绝对加速度。

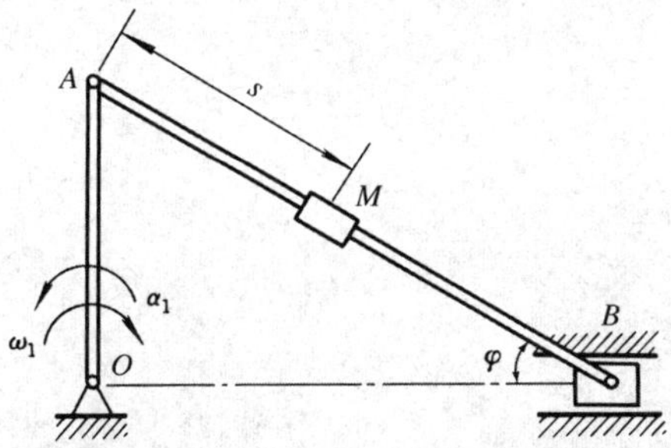

姓名　　　　　　　　班级　　　　　　　　学号　　　　　　　　日期

3. 半径为 $R=0.2\,\mathrm{m}$ 的圆盘 B 沿水平面作纯滚动，杆 OA 长 $r=0.4\,\mathrm{m}$。当 $\varphi=60°$、$\theta=30°$时，$v_B=0.8\,\mathrm{m/s}$，$a_B=0.2\,\mathrm{m/s^2}$。试求此瞬时杆 OA 的角速度和角加速度。

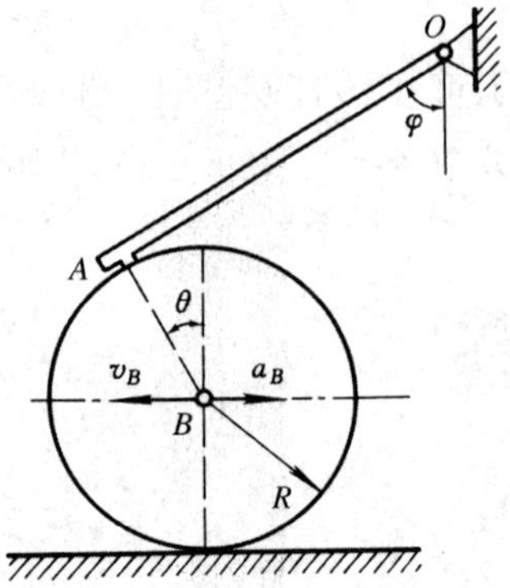

4. 平面机构如图所示，销钉 M 可在直角杆 CDE 的直槽内运动，又可在圆盘上的直槽 FG 内运动。已知：直角杆以匀速 $v=20\,\mathrm{cm/s}$ 作水平平动，圆盘沿固定水平面作纯滚动，$R=10\,\mathrm{cm}$，盘心匀速 $v_O=10\,\mathrm{cm/s}$。在图示位置时，$\theta=45°$，$OM=R$ 且 OM 处于水平。试求该瞬时：(1) 销钉 M 的绝对加速度；(2) 绝对运动轨迹在此位置时的曲率半径。

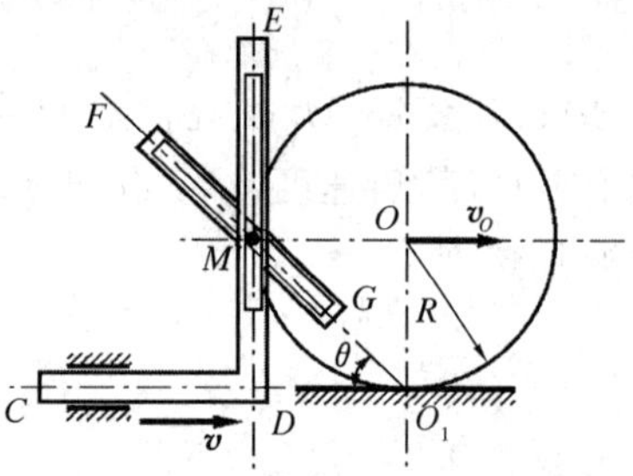

姓名　　　　　　　班级　　　　　　　学号　　　　　　　日期

质点动力学

1. 假设有一穿过地心的笔直隧道，一质点自地面无初速地放入隧道。若质点受到地球内部的引力与它到地心的距离成正比，地球半径 $R=6\,370\,\mathrm{km}$，在地球表面的重力加速度 $g=9.8\,\mathrm{m/s^2}$，试求：(1)质点的运动；(2)质点穿过地心时的速度；(3)质点到达地心所需的时间。

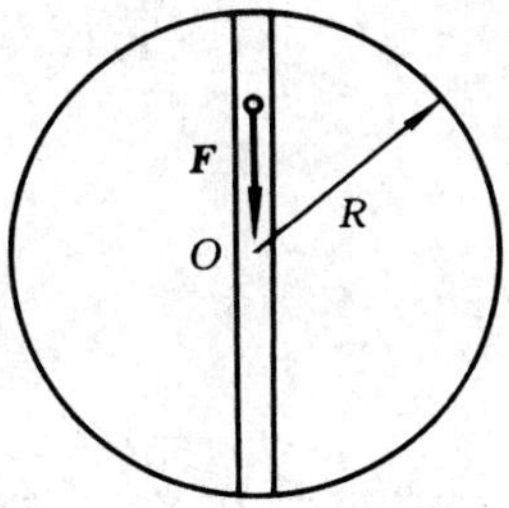

2. 一质量 $m=60\,\mathrm{kg}$ 的滑雪运动员从图示位置($l=50\,\mathrm{m}$，$h=20\,\mathrm{m}$)下滑，速度 $v=36\,\mathrm{km/h}$。若山坡可视为二次抛物线，动滑动摩擦因数 $f_d=0.1$，试求初瞬时运动员作用于雪地的力。

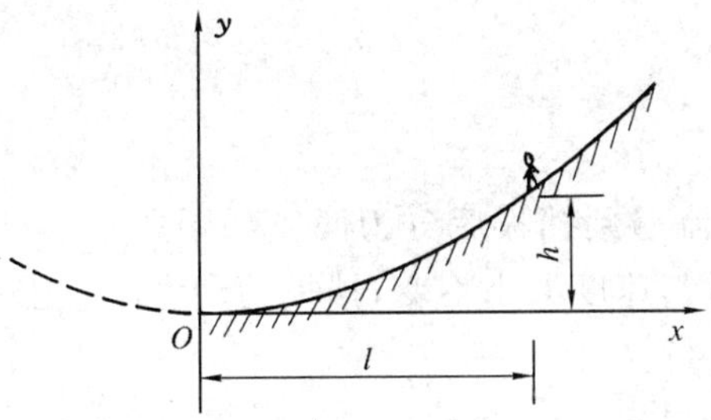

姓名　　　　　　　　班级　　　　　　　　学号　　　　　　　　日期

动量定理

1. 连杆机构如图所示，杆 OA 平行于杆 O_1B 且长度等于杆 O_1B，$O_2M=r$，杆 O_2C 以角速度 ω 绕 O_2 轴作定轴转动。试求质量为 m 的匀质杆 MD 的动量大小及方向。

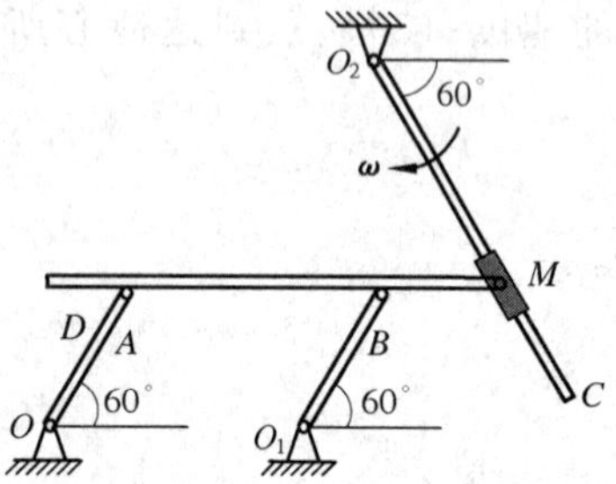

2. 图示为位于铅直平面的双滑块机构，其中，匀质杆 AB 长 l，受重力 $\boldsymbol{P}$，在 A 处的水平推力 $\boldsymbol{F}_Q$ 作用下，滑块 A 沿水平以匀速 $\boldsymbol{v}$ 向右运动，不计各处摩擦和滑块质量，试求任意位置 θ 时：(1) 杆质心的加速度 $\boldsymbol{a}_C$；(2) A，B 两处的法向约束力 $\boldsymbol{F}_{NA}$，$\boldsymbol{F}_{NB}$。

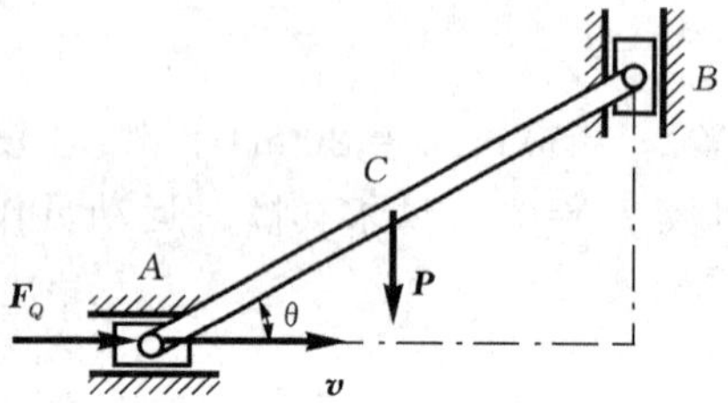

3. 从喷嘴射出的水流量为 q_v，速度为 $\boldsymbol{v}$；水流遇到挡板后分为两支如图所示。已知挡板的倾角为 θ，水的密度为 ρ。若水流分成两支后其速度大小不变，挡板的动力垂直于挡板，试求：(1)挡板动约束力的大小；(2)每支水流的流量。

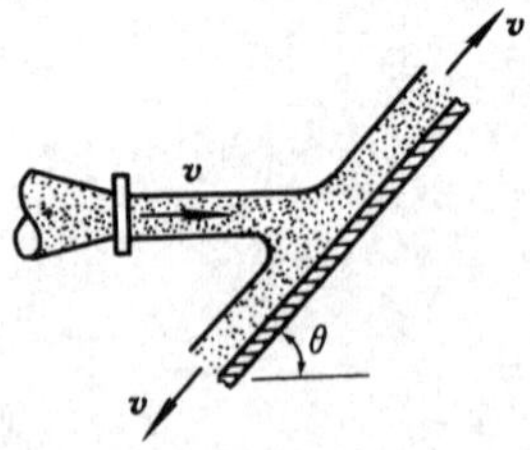

姓名 班级 学号 日期

动量矩定理(1)

1. 质量为 m 的匀质三角薄板,底长为 l,高为 h。试求其对轴 x 的转动惯量。

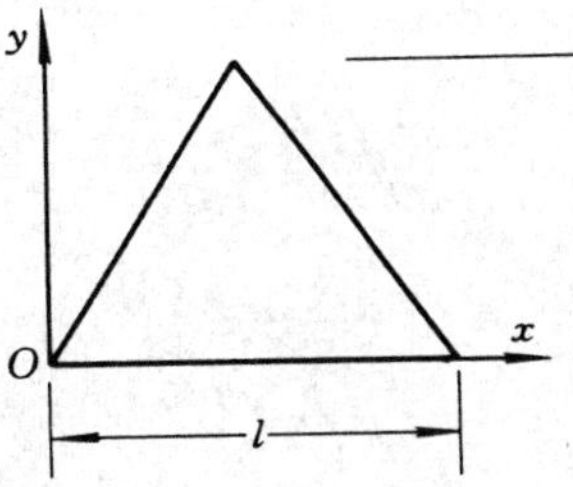

2. 从半径为 R、质量为 m 的匀质圆板中挖去一半径为 r 的圆孔后成图示形状,已知 $R=2r$,试求该带孔圆板对过圆心 O 且垂直于圆板平面的轴的转动惯量。

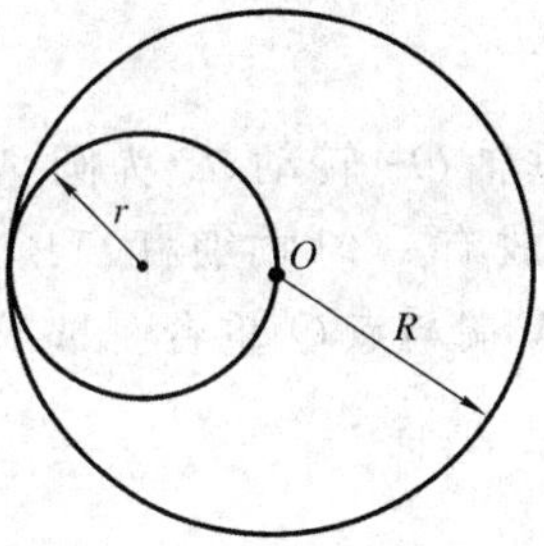

3. 无重杆 OA 长 $l=400\,\text{mm}$,以角速度 $\omega_O=4\,\text{rad/s}$ 绕轴 O 转动;质量 $m=25\,\text{kg}$、半径 $R=200\,\text{mm}$ 的匀质圆盘以三种方式相对杆 OA 运动。试求圆盘对轴 O 的动量矩:(1)图(a)圆盘相对杆 OA 没有运动(即圆盘与杆固连);(2)图(b)圆盘相对杆 OA 以逆时针向 $\omega_r=\omega_O$ 转动;(3)图(c)圆盘相对杆 OA 以顺时针向 $\omega_r=\omega_O$ 转动。

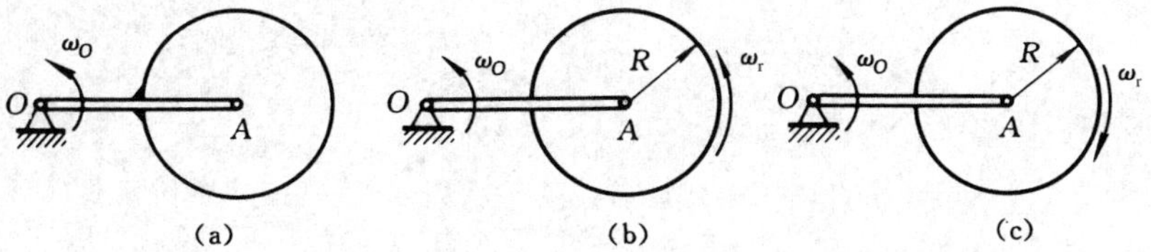

(a) (b) (c)

姓名　　　　班级　　　　学号　　　　日期

4. 滑轮 O,B 均为匀质圆盘,质量分别为 m_1,m_2,半径分别为 R,r,且 $R=2r$,物块 C 的质量为 m_3,在轮 O 上作用一常力偶矩 $\boldsymbol{M}$。试求物块 C 上升的加速度。

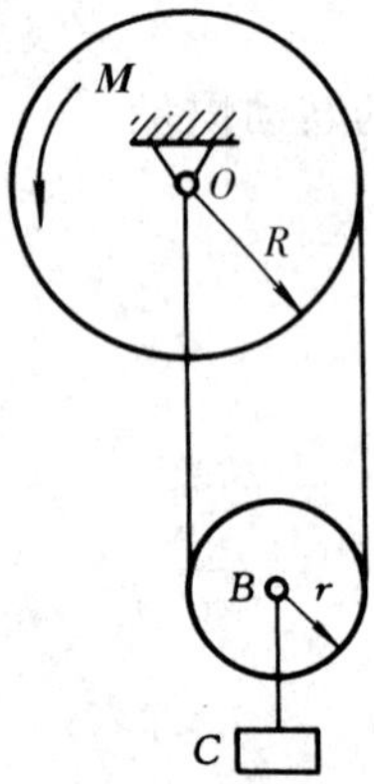

5. 半径为 r、质量为 m 的匀质圆盘可绕与圆盘垂直的铅垂轴 Oz 转动,C 为圆盘的圆心,$OC=r/2$,在圆盘上沿 OC 线的直径方向有一直槽,槽内放有一匀质细杆 AB,杆长 $AB=r$,杆的质量为 m_1,起始时圆盘的角速度为 ω_0,杆 AB 的 A 端与点 O 重合。试求当细杆 AB 运动至图示位置时(B 端在盘的边缘)圆盘的角速度 ω。

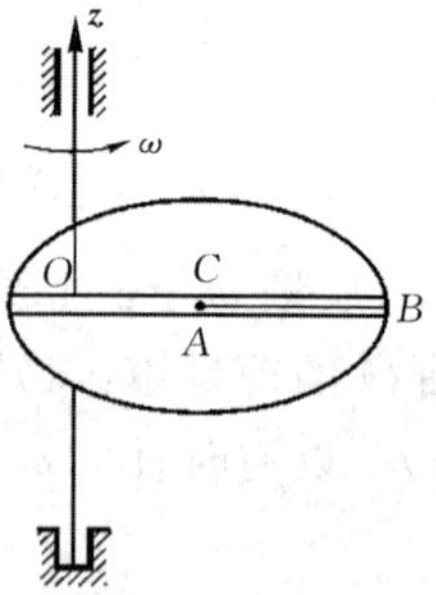

姓名　　　　　　班级　　　　　　学号　　　　　　日期

动量矩定理(2)

1. 匀质细杆 OA，BD 的质量均为 $m=8\,\text{kg}$，在点 A 固结，$l=0.25\,\text{m}$。在图示瞬时位置，角速度 $\omega=4\,\text{rad/s}$，试求此瞬时支座 O 的约束力。

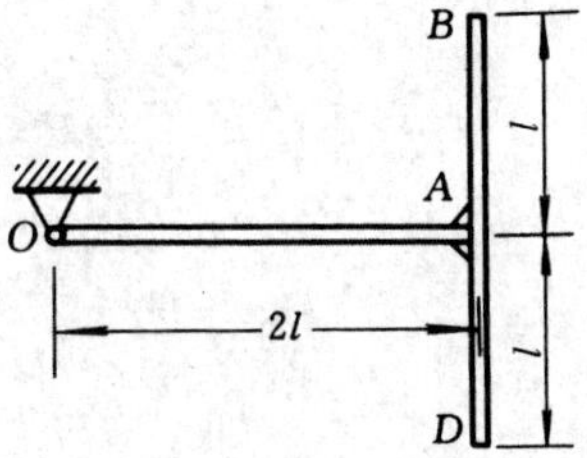

2. 一细绳绕在匀质圆柱体上，绳的引出部分与斜面平行。圆柱体与倾角为 θ 的斜面间的动摩擦因数为 f_d。试求圆柱体沿斜面落下时质心 C 的加速度。

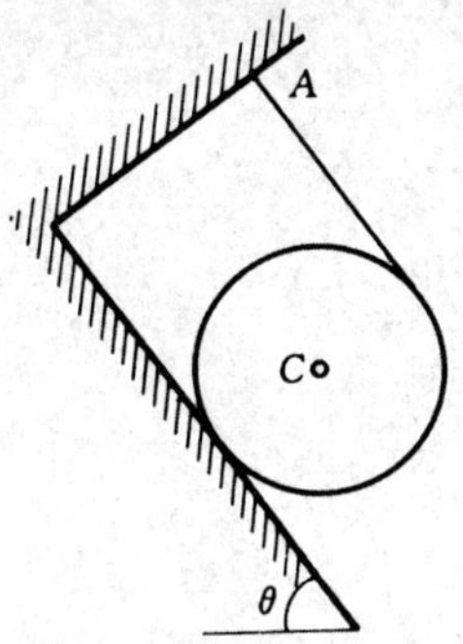

姓名　　　　　班级　　　　　学号　　　　　日期

3. 平板的质量为 m_1，受水平力 $\boldsymbol{F}$ 的作用沿水平面运动，平板与水平面间的动摩擦因数为 f_d；平板上放一质量为 m_2 的匀质圆柱，其相对板作纯滚动。试求板的加速度。

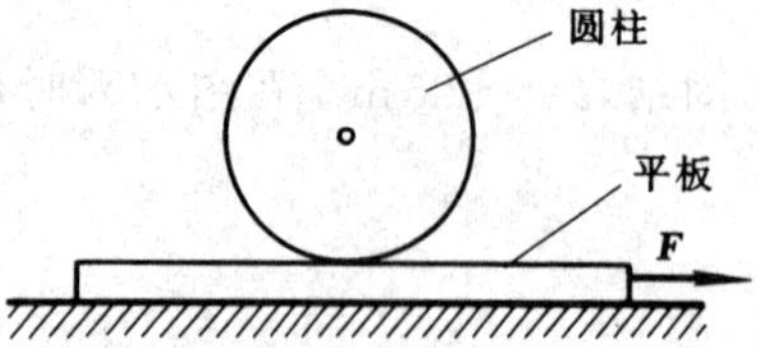

4. 匀质杆 AB 长 $l=1.2\,\mathrm{m}$，质量 $m=3\,\mathrm{kg}$，在铅垂位置无初速释放，随 A 端的滚子沿倾角 $\theta=30°$的斜面滑下。若不计滚子的质量及摩擦，试求释放瞬时：(1)杆 AB 的角加速度；(2)点 A 的加速度；(3)杆 AB 在 A 端受到的约束力。

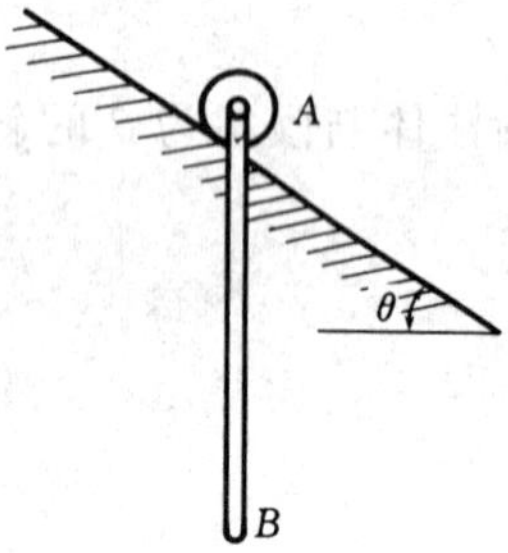

姓名　　　　　　　　班级　　　　　　　　学号　　　　　　　　日期

动能定理(1)

1. 图示匀质杆 OA 长为 l、重力为 $\boldsymbol{P}$,在水平位置时处于静止。两弹簧的刚度系数分别为 k_1,k_2。试求杆 OA 由平衡位置转动微小角度 φ 这一过程中,诸力所做的功的总和。

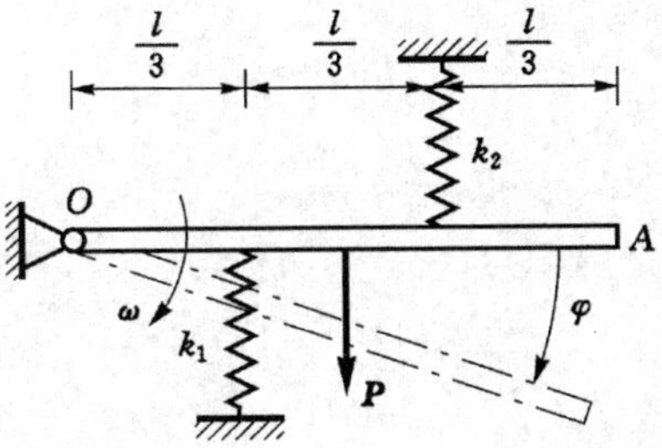

2. 在半径为 r 的卷筒上,作用一力偶矩 $M=b\varphi+h\varphi^2$,式中,b,h 为常数,φ 为转角;物 B 的重力为 $\boldsymbol{P}$,与水平面间的动摩擦因数为 f_d。试求当卷筒转过两圈时,作用于系统上所有力做功的总和。

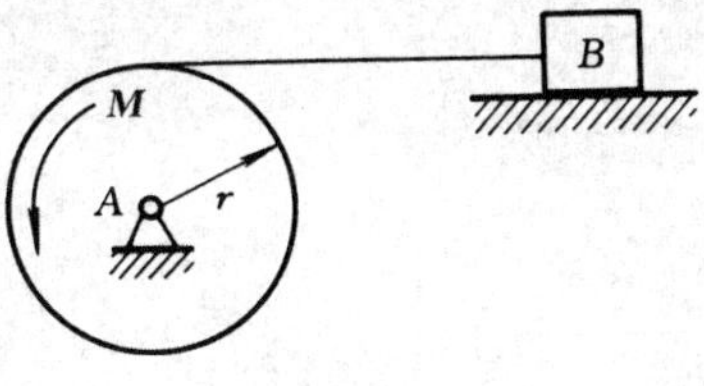

3. 滑块 A 的重力为 $\boldsymbol{P}_1$,在滑道内滑动,匀质直杆长为 l、重力为 $\boldsymbol{P}_2$。当杆 AB 与铅垂线的夹角为 φ 时,滑块 A 的速度为 v_A,杆 AB 的角速度为 ω。试求该瞬时系统的动能。

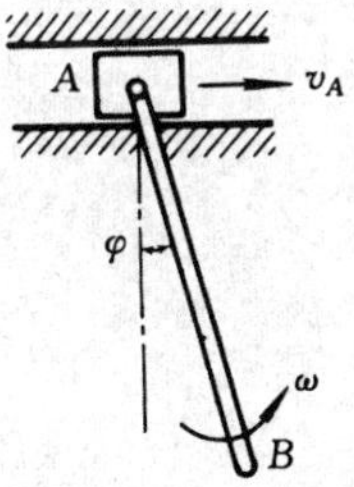

姓名　　　　　　　　班级　　　　　　　　学号　　　　　　　　日期

4. 图示曲柄导杆机构位于水平面内，已知：匀质曲柄 OA 长为 r、重力为 $\boldsymbol{P}_1$，作用有不变的力偶矩 $\boldsymbol{M}$；导杆的重力为 $\boldsymbol{P}_2$，导杆与滑道间的摩擦力为常值 F。初瞬时（$\angle AOB=\frac{\pi}{2}$）系统无初速。试求曲柄转过一圈后的角速度。

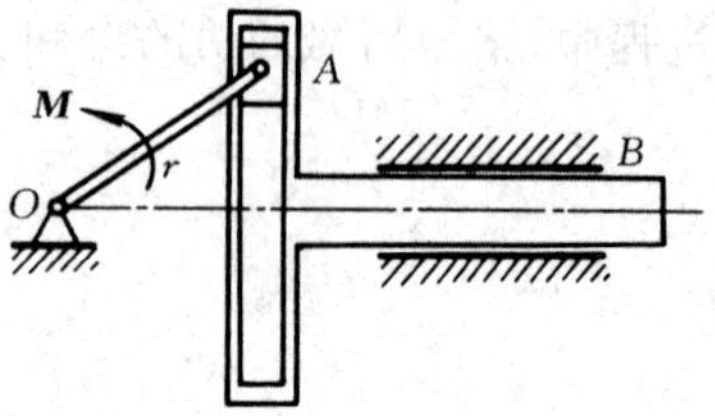

5. 机构如图所示，已知：半径为 R、重力为 $\boldsymbol{P}_1$ 的匀质圆盘 A 在水平面上作纯滚动，定滑轮 C 半径为 r、重力为 $\boldsymbol{P}_2$，物 B 重力为 $\boldsymbol{P}_3$。系统无初速地进入运动，试求重物 B 下降 x 距离时，圆盘中心 A 的速度与加速度。

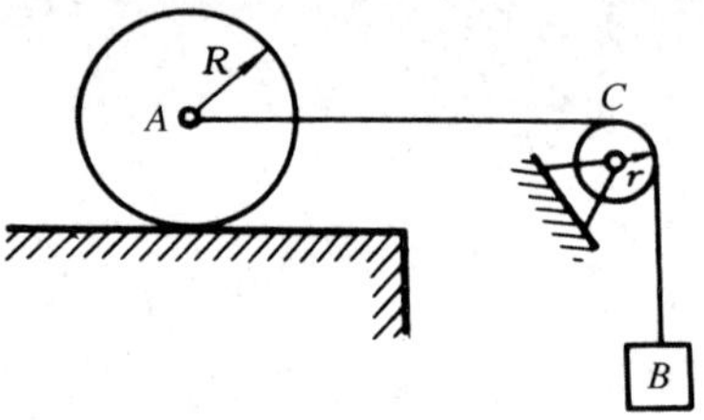

姓名　　　　　　班级　　　　　　学号　　　　　　日期

动能定理(2)

1. 匀质直杆 AB 长为 $2l$，位于铅垂面内，一端搁在光滑水平面上，从竖直位置无初速地倒下，试求其质心 C 距离水平面的高度为 h 时的速度。

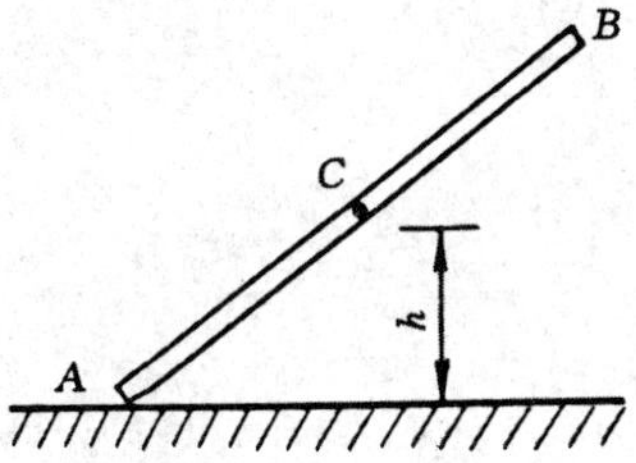

2. 将一匀质半圆球放于光滑的水平面和铅垂面间，并使其底面位于铅垂位置，如图所示，已知球半径为 r。若在此位置无初速地放开，试求半圆球转过 90°，即当其底面位于水平位置时，质心 C 的速度。

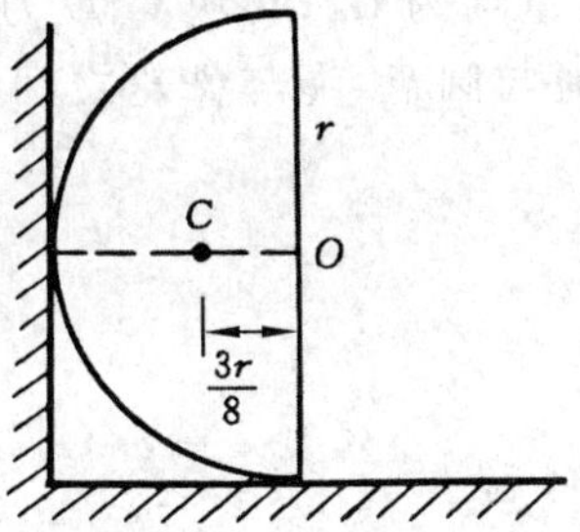

3. 机构位于铅垂面内，已知：两相同直杆 AB，OB，长度均为 l，质量均为 m，在杆 AB 上作用有一不变的力偶矩 $\boldsymbol{M}$。若在图示位置时无初速地释放，试求 A 端碰到支座 O 时 A 端的速度 v_A。

姓名　　　　　　班级　　　　　　学号　　　　　　日期

4. 匀质圆柱 A 的半径 $r=0.2\,\text{m}$、质量 $m_1=10\,\text{kg}$，在 $\theta=20^\circ$ 的斜面上作纯滚动；滑块 B 的质量 $m_2=5\,\text{kg}$，与斜面间的动摩擦因数 $f_d=0.2$。若系统无初速地开始运动，试求系统沿斜面向下运动 $s=10\,\text{m}$ 时滑块 B 的速度和加速度以及无重杆 AB 受到的力。

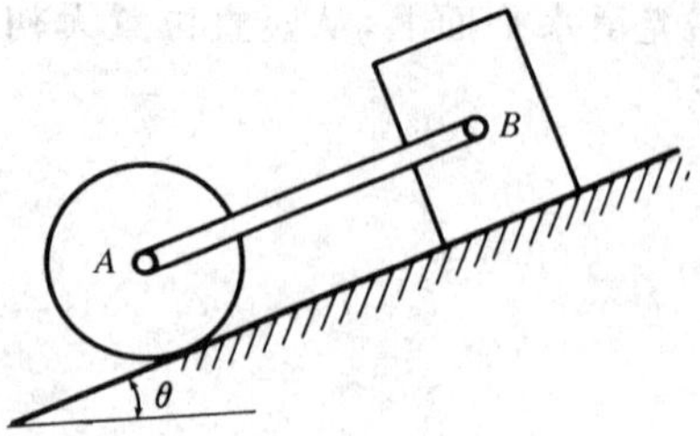

5. 机构如图所示，匀质鼓轮 A 和圆盘 B，半径均为 R，重量均为 $\boldsymbol{G}_1$；物块 C 重为 $\boldsymbol{G}_2$。若在鼓轮 A 上作用力偶 $\boldsymbol{M}$，试求物块 C 上升的加速度（假设绳与圆盘、绳与鼓轮之间均无相对滑动）以及圆盘 B 两侧绳索的张力。

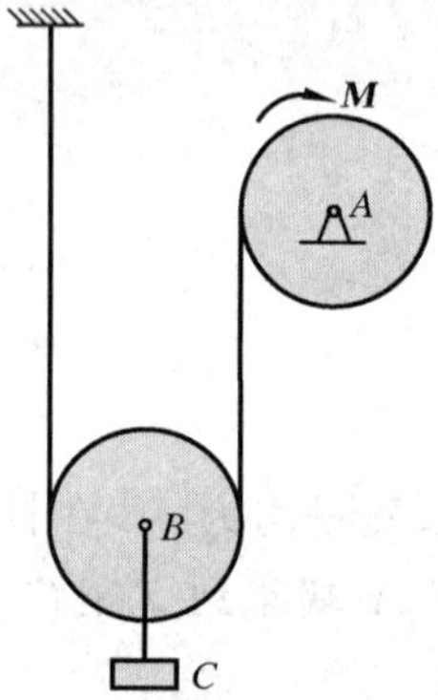

姓名　　　　班级　　　　学号　　　　日期

碰　　撞

1. 小球在光滑的水平面上以速度 $\boldsymbol{v}_1$ 撞击直角形的光滑挡板，经过两次撞击后，小球回弹的速度为 $\boldsymbol{v}_2$。(1) 试证：$\boldsymbol{v}_2=-e\boldsymbol{v}_1$，式中，$e$ 为恢复因数；(2) 若 $e=0$，小球的运动情况如何变化？

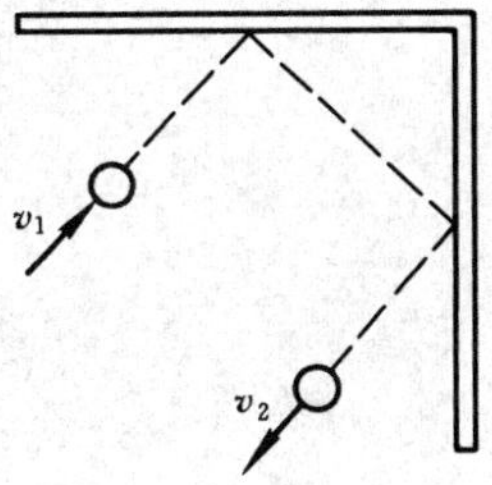

2. 匀质球 A，B 的质量均为 $m=1\,\mathrm{kg}$，球 B 悬挂在一根不可伸长的铅直绳下。当球 A 与球 B 相撞时，球 A 具有初速 $v_A=25\,\mathrm{m/s}$，球间的恢复因数 $e=0.8$。试求碰撞后每个球的速度。

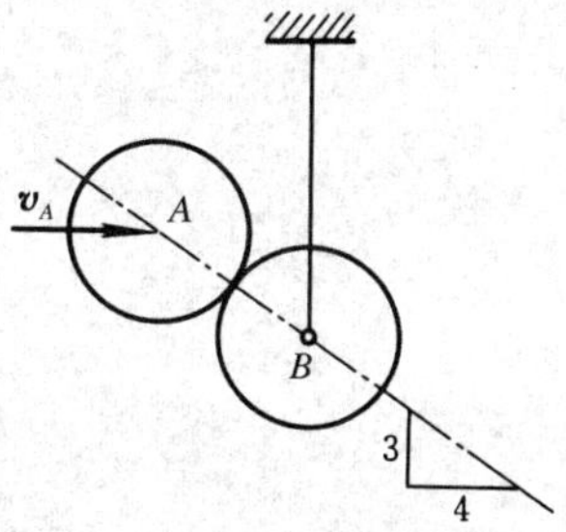

姓名　　　　　　班级　　　　　　学号　　　　　　日期

3. 质量为 m、长为 l 的匀质杆 AB，水平地自由下落一段距离 h 后与支座 D 发生完全塑性碰撞。试求：(1) 碰撞后杆的角速度 ω；(2) 杆所受到的碰撞冲量 I；(3) 碰撞时的动能损失 ΔT。

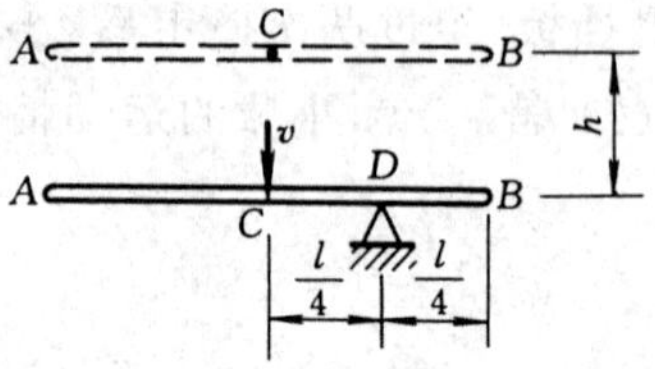

4. 匀质杆 AB 重力 $P=8.9\,\mathrm{N}$，长 $l=1.22\,\mathrm{m}$。杆与光滑墙面成 $\theta=60°$角，杆碰撞前作移动，图中，$v_1=9.15\,\mathrm{m/s}$，恢复因数 $e=0.3$。试求碰撞后杆的质心速度和杆的角速度。

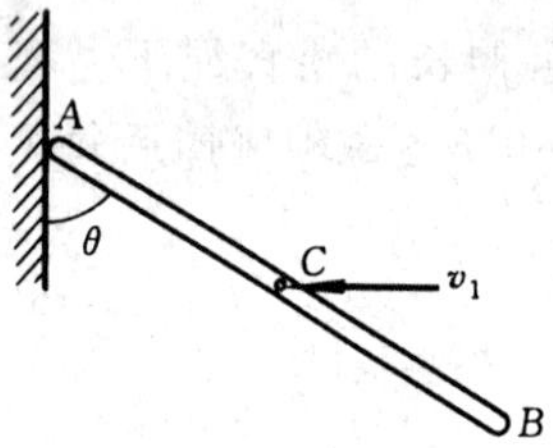

姓名　　　　　　　　班级　　　　　　　　学号　　　　　　　　日期

达朗贝尔原理(1)

1. 在图示系统中，已知：匀质轮的质量为 m、半径为 r，在半径 $R=4r$ 的固定圆弧面上作纯滚动。若在图示瞬时轮的角速度为 ω、角加速度为 α。试求此瞬时轮的惯性力系向 O 点简化的结果。

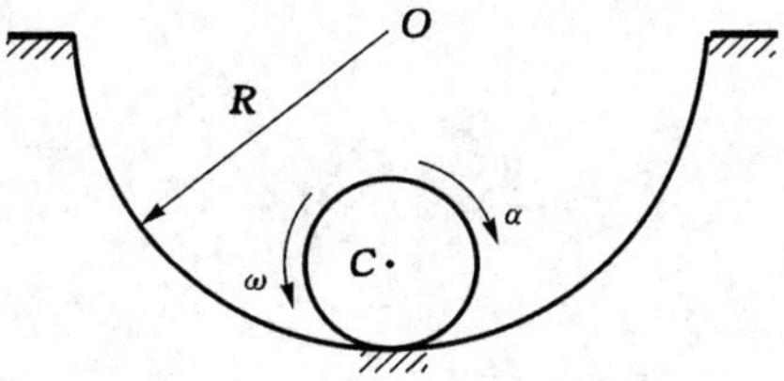

2. 在图示曲柄连杆滑块机构中，已知：曲柄 OA 长为 r、质量为 $m/2$，以匀角速度 ω 绕轴 O 转动，连杆 AB 的长 $l=2r$、质量为 m，滑块质量不计。试求当曲柄铅垂时，机构惯性力系向点 O 简化的结果。

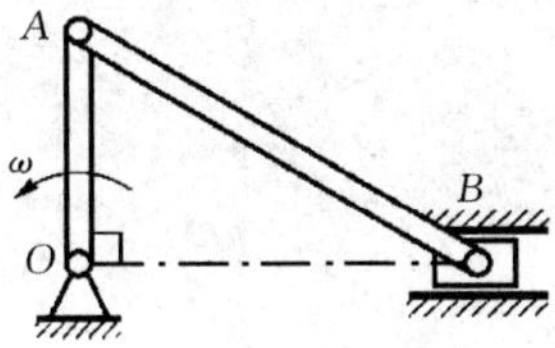

姓名　　　　　　班级　　　　　　学号　　　　　　日期

3．物体 A 的重力为 $\boldsymbol{P}_1$，直杆 BD 的重力为 $\boldsymbol{P}_2$，由两根绳悬挂，如图所示。试求系统从图示 θ 角无初速地开始运动瞬时，物体 A 相对杆 BD 静止，接触面间的静摩擦因数的最小值。

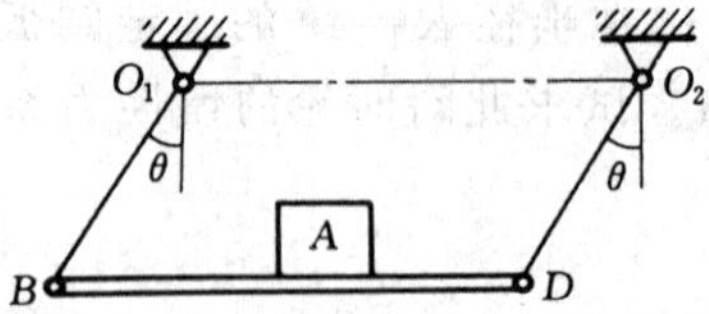

4．匀质杆 AB，其长度 $l=3.05\,\mathrm{m}$，质量 $m=45.4\,\mathrm{kg}$，下端搁在光滑的水平面上，上端用长 $h=1.22\,\mathrm{m}$ 的绳系住。当绳子铅垂时，$\theta=30°$，点 A 以匀速 $v_A=2.44\,\mathrm{m/s}$ 开始向左运动。试求此瞬时：(1)杆的角加速度；(2)需加在 A 端的水平力 $\boldsymbol{F}_A$；(3)绳的拉力 $\boldsymbol{F}_B$。

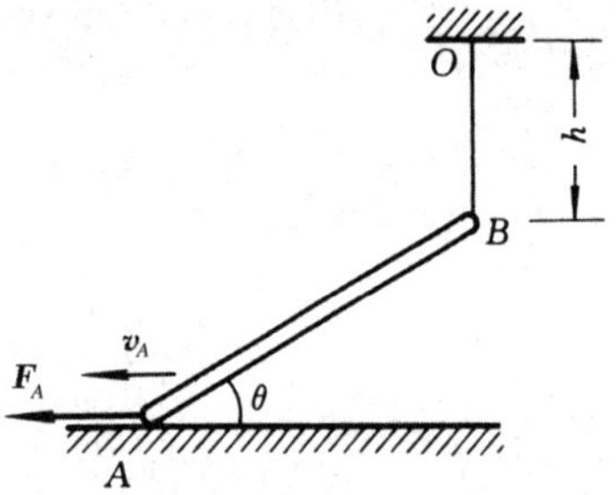

姓名　　　　　　　班级　　　　　　　学号　　　　　　　日期

达朗贝尔原理(2)

1. 直径为 l 的匀质圆盘和长为 l 的匀质杆质量均为 m。当 O,A,B 三点在同一竖直线上时,在点 B 作用一水平力 $\boldsymbol{F}$,试求此瞬时圆盘和杆的角加速度。

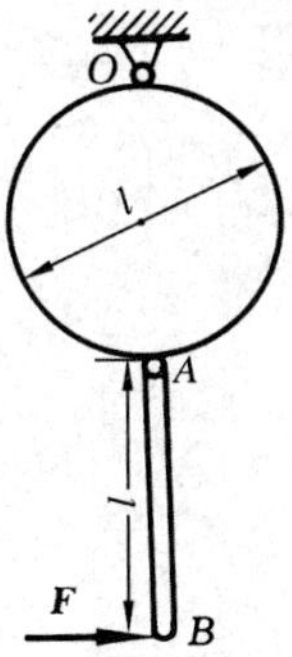

2. 图示匀质圆柱体位于铅垂面内,放置在光滑的支承 A 与支承 B 上。已知:圆柱半径为 r,质量为 m,支承 A 与支承 B 的水平间距为 l。试用达朗贝尔原理(动静法)求突然移去支承 B 的瞬时:(1) 圆柱质心的加速度;(2) 支承 A 的约束力。

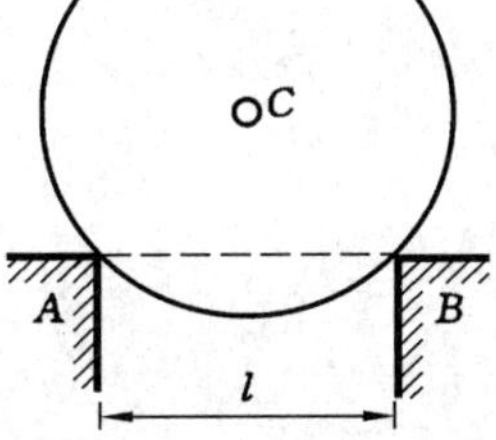

姓名　　　　　　班级　　　　　　学号　　　　　　日期

3. 匀质梁 AB 重力为 $\boldsymbol{P}$，在中点系一绕在匀质柱体上的绳子，圆柱的质量为 m，质心 C 沿铅垂线向下运动。试求梁支座 A，B 处的约束力。

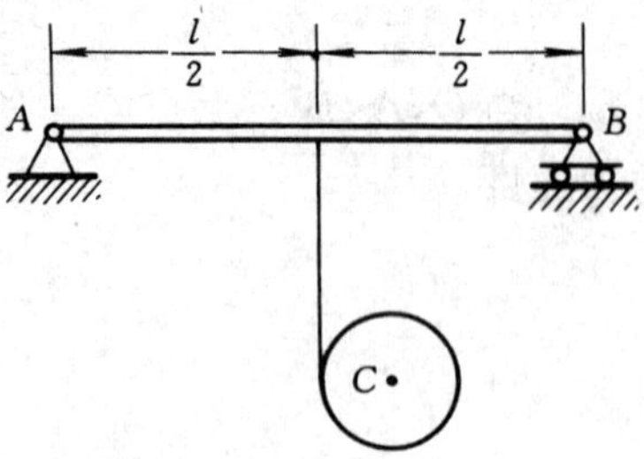

4. 匀质圆柱 O 的重力 $P_1=40\,\mathrm{N}$，沿倾角 $\theta=30°$ 的斜面作纯滚动，匀质杆长 $l=60\,\mathrm{cm}$，重力 $P_2=20\,\mathrm{N}$，杆 OA 保持水平方位。若不计杆端 A 处的摩擦，系统无初速地运动，试求杆 OA 两端的约束力。

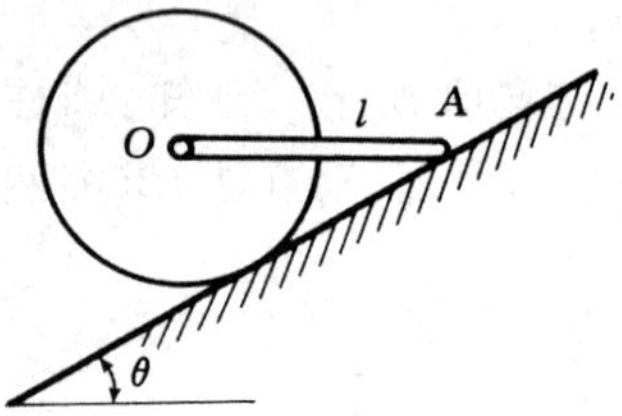

姓名　　　　　班级　　　　　学号　　　　　日期

虚位移原理(1)

1. 机构如图所示,已知:杆 OD 长为 l,与水平的夹角为 φ,尺寸 b 为已知,一力 $\boldsymbol{F}_1$ 铅垂地作用在点 B,另一力 $\boldsymbol{F}_2$ 在点 D 垂直于 OD。试求平衡时此两力的关系。

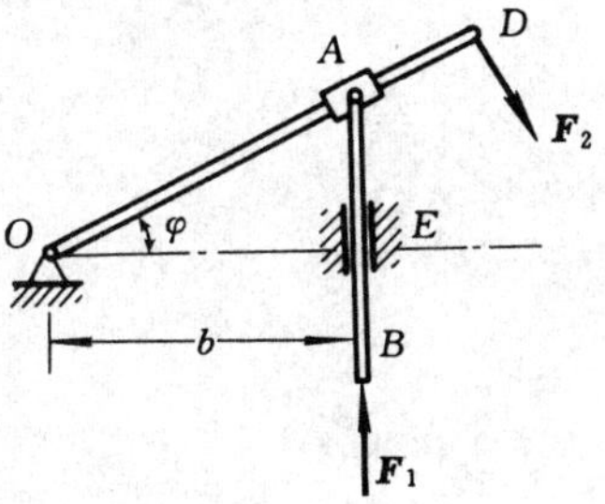

2. 机构如图所示,已知:曲柄 OA 长为 r,其上作用一力偶矩 $\boldsymbol{M}$,杆 O_1B 与杆 BD 等长,均为 l。当曲柄 OA 为水平、OB 线为铅垂、$\varphi=\theta$ 位置平衡时,试求水平力 $\boldsymbol{F}$ 的大小。

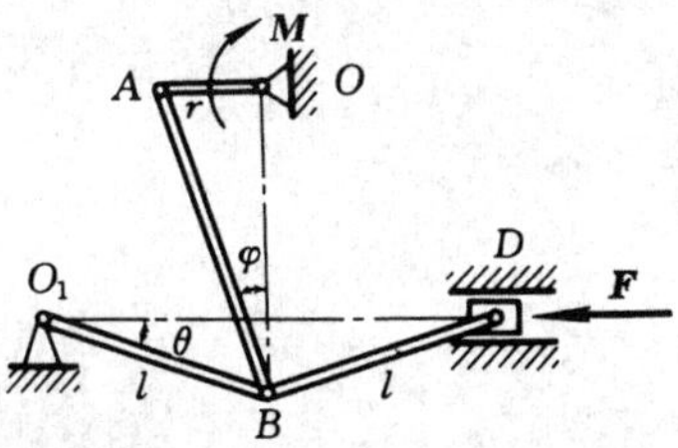

姓名　　　　　班级　　　　　学号　　　　　日期

3. 在图示机构中，$OB=BD=AB=BE=DG=EG=l$。平衡时角为 θ。试求力 $\boldsymbol{F}_1$ 与力 $\boldsymbol{F}_2$ 的关系。

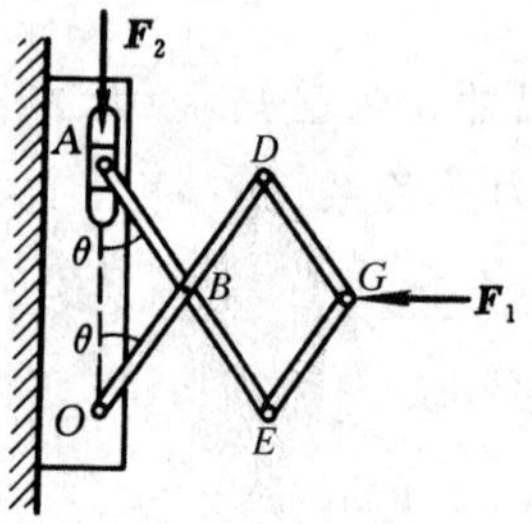

4. 在图示机构中，已知：尺寸为 l，弹簧的刚度系数为 k，当 $\theta=30°$时弹簧无形变。试求平衡时悬挂物的重力 $\boldsymbol{P}$ 与角度 θ 之间的关系。

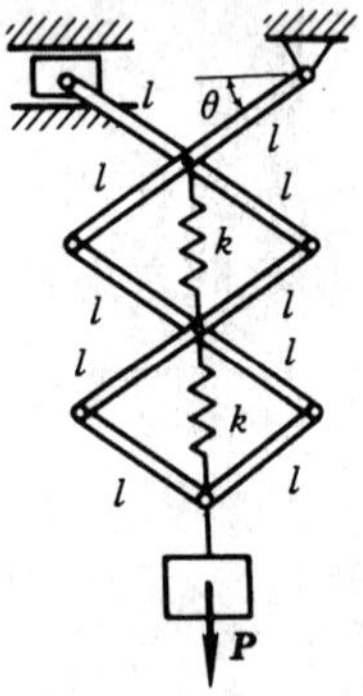

姓名　　　　　　班级　　　　　　学号　　　　　　日期

虚位移原理(2)

1. 在图示结构中，已知：$P_1 = 2\,\text{kN}$，$P_2 = 3\,\text{kN}$，$l_1 = 0.3\,\text{m}$，$l_2 = 0.2\,\text{m}$。试求支座 C 的约束力。

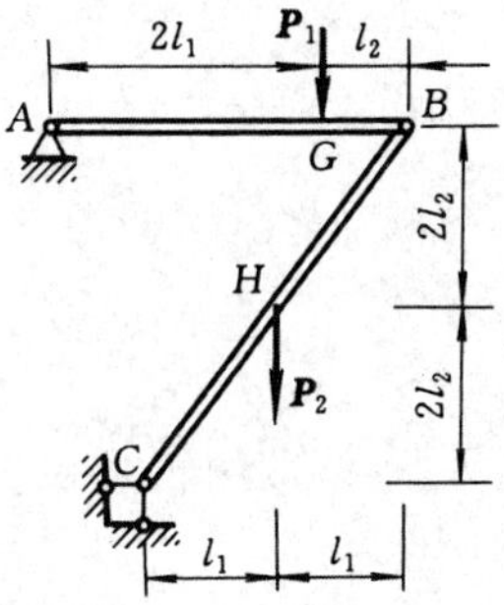

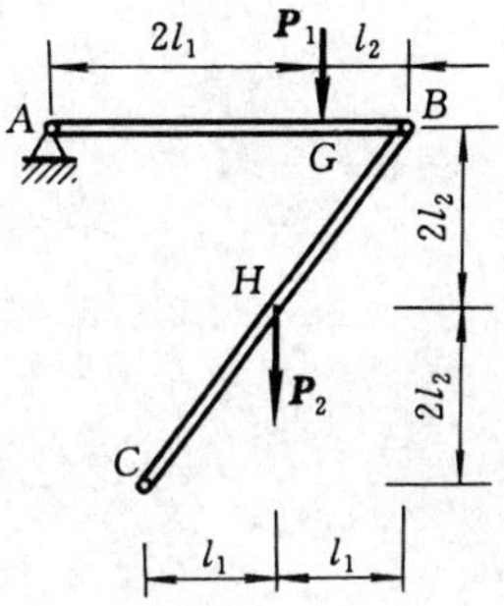

2. 在图示多跨梁中，已知：$F = 5\,\text{kN}$，$q = 2\,\text{kN/m}$，$M = 12\,\text{kN} \cdot \text{m}$，$l = 1\,\text{m}$。试求支座 A 的约束力。

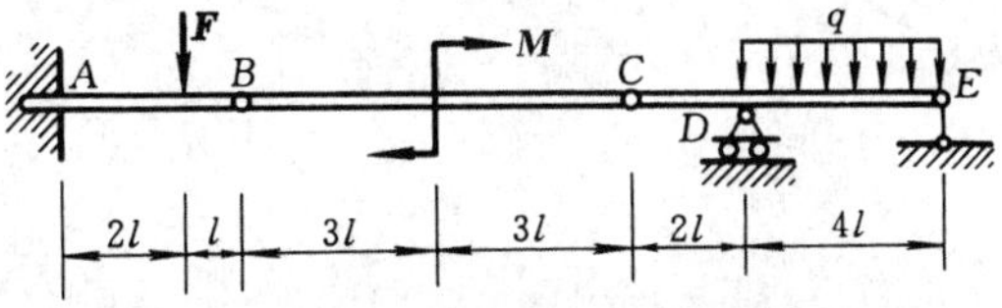

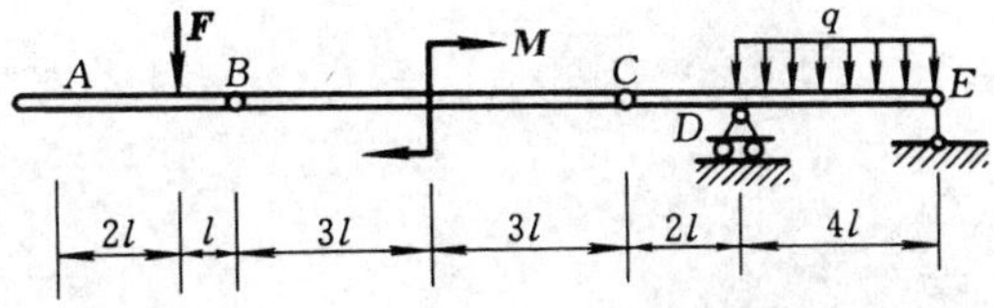

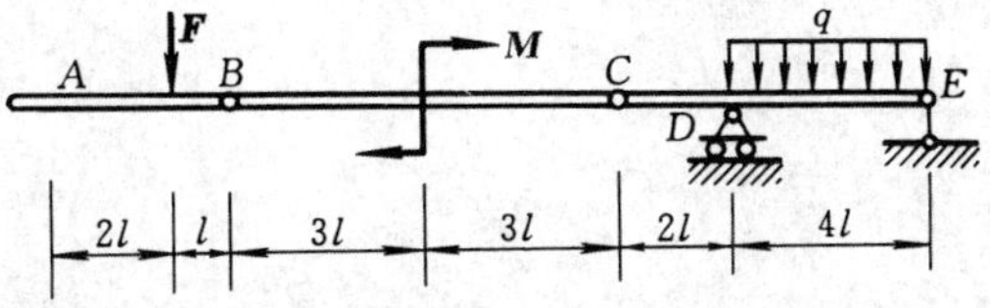

姓名　　　　　　班级　　　　　　学号　　　　　　日期

3. 静定刚架如图所示，已知：$F=4\,\mathrm{kN}$，$h=5\,\mathrm{m}$。试求支座 D 的水平约束力。

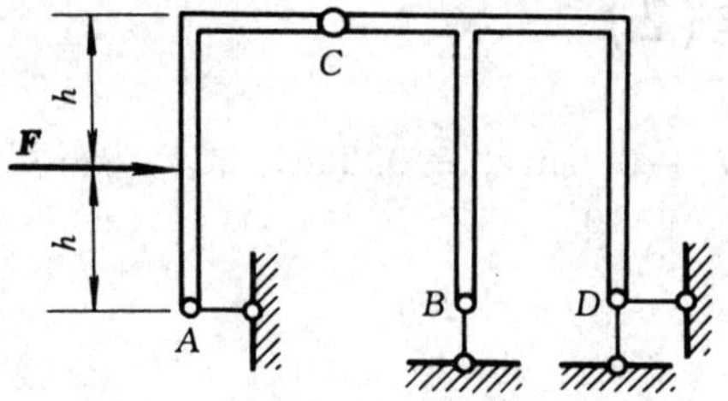

4. 图示桁架中各杆等长。已知力 $\boldsymbol{P}$，试求杆 1 的内力。

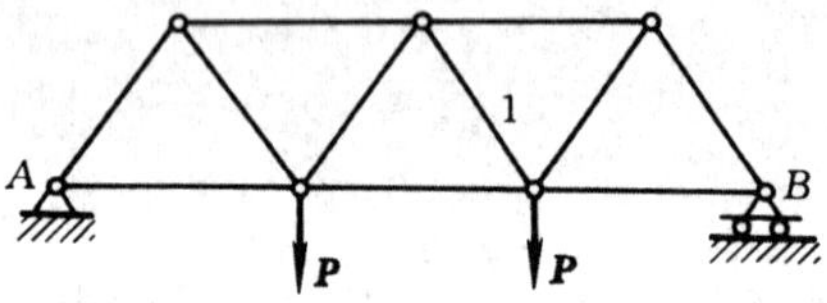

姓名　　　　　　班级　　　　　　学号　　　　　　日期

动力学普遍方程

1. 在图示系统中,已知:匀质圆柱 A 的质量为 m_1,半径为 r,物块 B 的质量为 m_2,光滑斜面的倾角为 β,滑车 O 的质量忽略不计。试用动力学普遍方程求:(1)系统的运动微分方程,以 θ 和 y 为广义坐标;(2)圆柱 A 的角加速度和物块 B 的加速度。

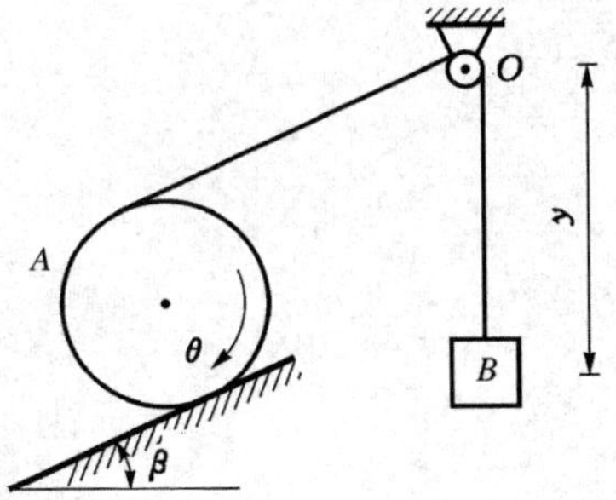

姓名　　　　　　　　班级　　　　　　　　学号　　　　　　　　日期

拉格朗日方程(1)

1. 在图示系统中,已知:圆环 C 的质量为 m,半径为 R,挂在一半径为 r 的固定圆柱 O 上,圆环 C 与圆柱 O 之间无相对滑动。试求:以 θ 为广义坐标,用第二类拉格朗日方程建立系统的运动微分方程。

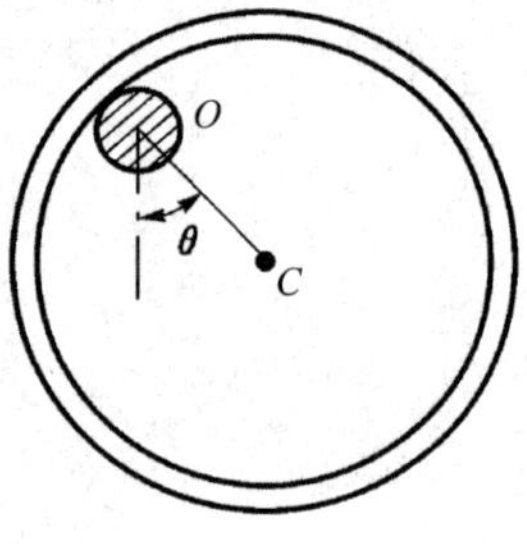

2. 机构如图所示,已知:平台 A 的质量为 m,弹簧的刚度系数为 k,半径为 r、质量为 $\frac{1}{2}m$ 的匀质圆盘 B 在平台 A 上作纯滚动,水平面光滑,作用一外力偶矩 $\boldsymbol{M}(t)$。当 $x=0$、$\varphi=0$ 时,弹簧均没有变形。试用拉格朗日方程建立此系统的运动微分方程。

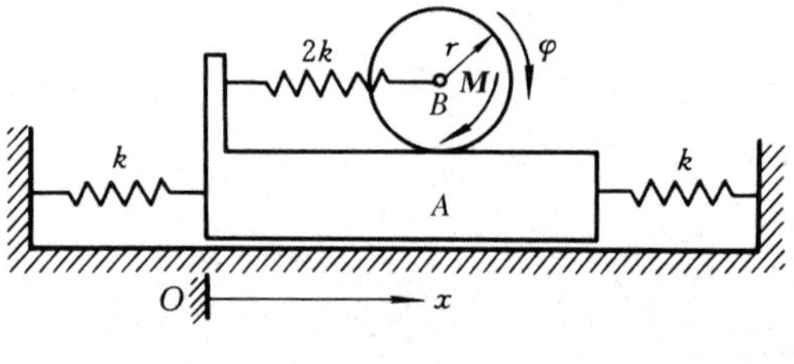

姓名　　　　　　　班级　　　　　　　学号　　　　　　　日期

拉格朗日方程(2)

1. 如图所示，车厢的振动可以简化为支承于两个弹簧上的物体在铅垂面内的振动。已知：车厢的质量为 m，质心 C 的位置用 l_1 与 l_2 表示，车厢相对于质心 C 的转动惯量为 $J_C = m\rho^2$，两弹簧的刚度系数分别为 k_1 和 k_2。设水平位置为系统的初始平衡位置，试用拉格朗日方程建立车厢振动的微分方程。

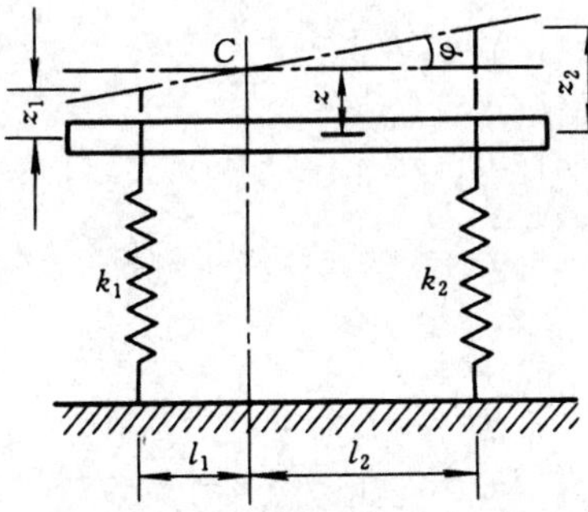

姓名　　　　班级　　　　学号　　　　日期

2. 在图示机构中，质量为 m 的质点在一半径为 r 的圆环内运动，圆环对轴 AB 的转动惯量为 J。欲使此圆环在一力偶矩 $\boldsymbol{M}$ 的作用下以等角速度绕铅垂轴 AB 转动。试用拉格朗日方程求力偶矩 $\boldsymbol{M}$ 和质点的运动微分方程。

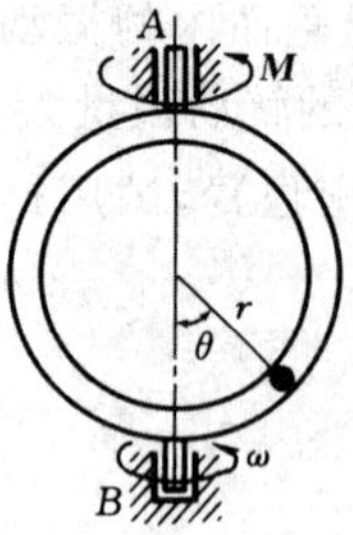

姓名　　　　　班级　　　　　学号　　　　　日期

3. 一半径为 r、质量为 m_1 的匀质圆柱体沿三棱柱体 A 的斜面作纯滚动，而棱柱体又在一光滑的水平面上滑动。棱柱体的质量为 m_2，斜面倾角为 θ，外力 $\boldsymbol{F}_1(t)$ 作用在三棱体上，外力偶 $\boldsymbol{M}(t)$、外力 $\boldsymbol{F}_2(t)$ 作用在圆柱体上。试用拉格朗日方程求棱柱体 A 的加速度及圆柱体中心 O 点相对棱柱体的加速度。

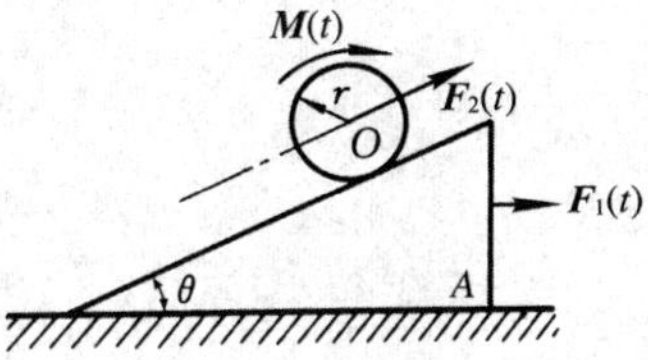

姓名　　　　　　班级　　　　　　学号　　　　　　日期

4. 质量为 m_1 的物块 A 放在光滑水平面上，一端与水平放置、刚度系数为 k 的弹簧相连，一端作用一水平力 $F=F_0\cos\omega t$，式中，F_0，ω 为常数。在半径为 R、表面足够粗糙的半圆柱槽内放一半径为 r、质量为 m_2 的小球 B。试用拉格朗日方程建立系统的运动微分方程。

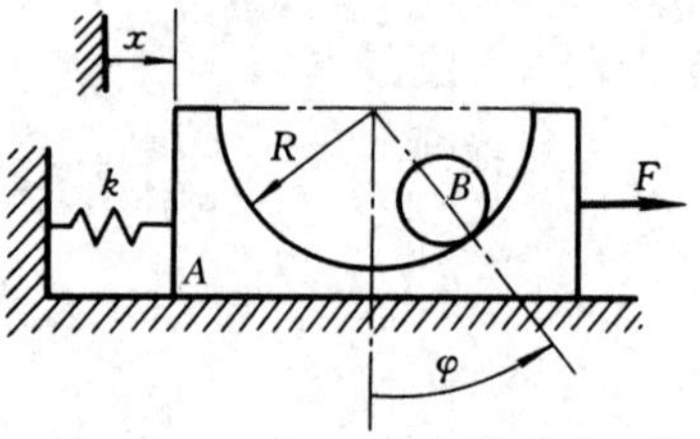

姓名　　　　班级　　　　学号　　　　日期

振动(1)

1. 在图示振系中，物块 B 的重力为 $\boldsymbol{P}$，在重力 $\boldsymbol{P}$ 作用下，弹簧的静伸长为 δ_{st}，悬臂梁的静挠度为 f_{st}。试求物体的振动周期。

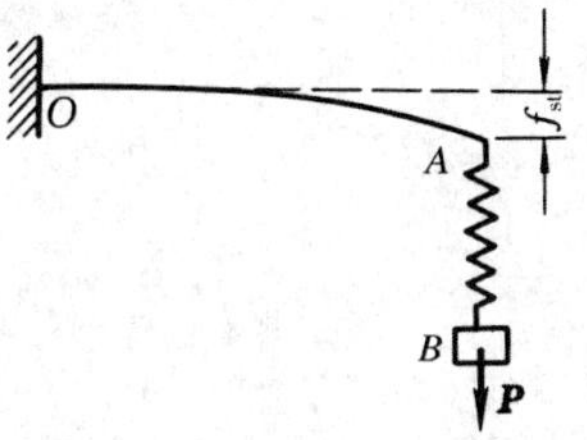

2. 一长为 l、重力为 $\boldsymbol{P}$ 的匀质杆，在 A 端与两根刚度系数均为 k 的水平弹簧相连接，且作用有一铅垂常力 $\boldsymbol{F}$。欲使直杆微振动的圆频率趋向于零，试求力 $\boldsymbol{F}$ 的大小。

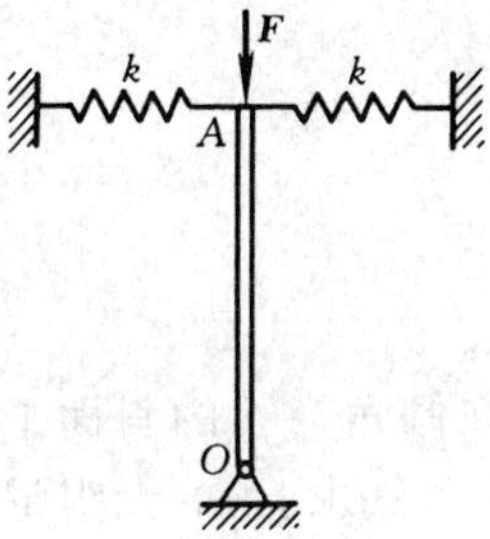

3. 在图示振系中，已知：匀质圆盘半径 $r=0.15\,\mathrm{m}$，质量 $m_1=5\,\mathrm{kg}$，弹簧的刚度系数 $k=200\,\mathrm{N/m}$，重物 B 的质量 $m_2=10\,\mathrm{kg}$。试求系统的微振动的微分方程及固有频率。

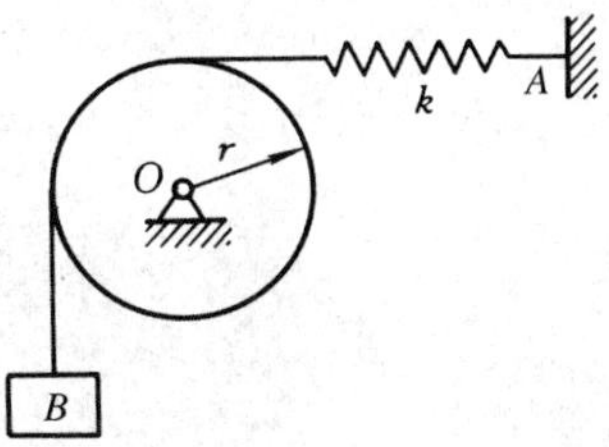

4. 匀质直杆 AB 长为 l，A 端由小滑轮支承，B 端用长为 r 的绳悬挂。若给 B 端一微小水平位移后无初速释放，试求直杆作微振动的固有圆频率。

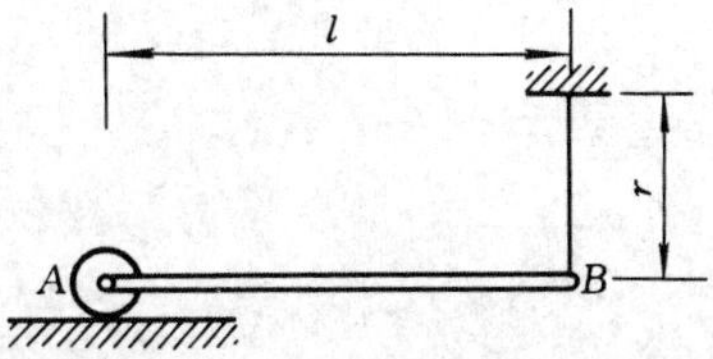

姓名　　　　班级　　　　学号　　　　日期

振动(2)

1. 梁 OB 在 A 处固结一质量为 m 的小球，B 端与一刚度系数为 k 的弹簧相连。D 处有一阻力系数为 c 的阻尼器，尺寸 l 如图所示。试求系统的微振动的微分方程及周期。

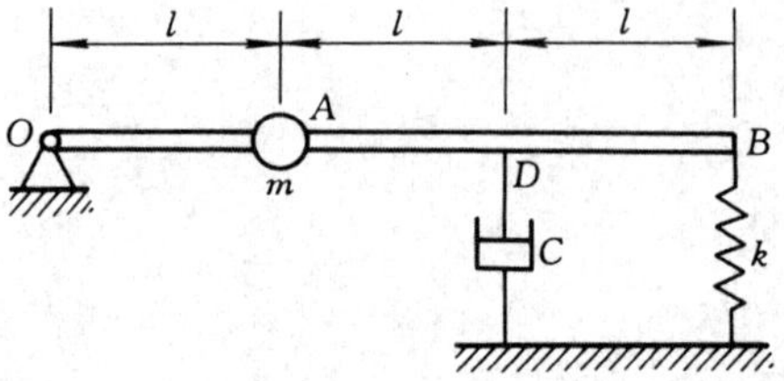

2. 在图示振系中，匀质滚子质量 $m=10\,\text{kg}$，半径 $r=0.25\,\text{m}$，在倾角为 θ 的斜面上作纯滚动；弹簧的刚度系数 $k=20\,\text{N/m}$，阻尼器阻力系数 $c=10\,\text{N}\cdot\text{s/m}$。试求：(1) 无阻尼的固有频率；(2) 阻尼比；(3) 有阻尼的振动频率；(4) 此阻尼系统自由振动的周期。

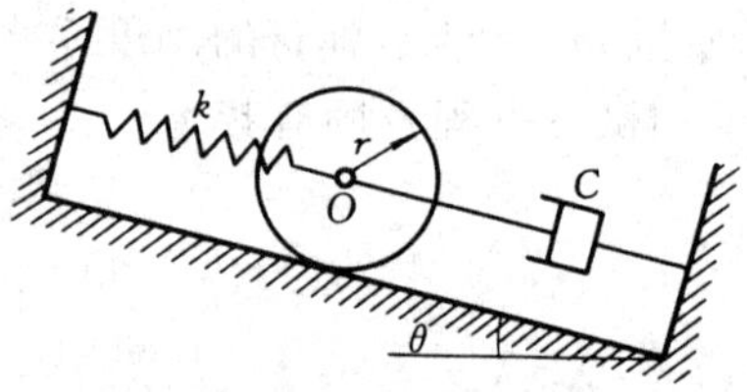

姓名　　　　　　班级　　　　　　学号　　　　　　日期

振动(3)

1. 电动机的重力 $P_0=2.5\,kN$,由 4 根刚度系数均为 $k=300\,N/cm$ 的弹簧支持。由于电动机转子的质量分布不均,相当于在转子上有一重力 $P_1=2\,N$ 的偏心块,其偏心距 $e=1\,cm$。试求:(1) 发生共振时的转速;(2) 转速为 1000 r/min 时强迫振动的振幅。

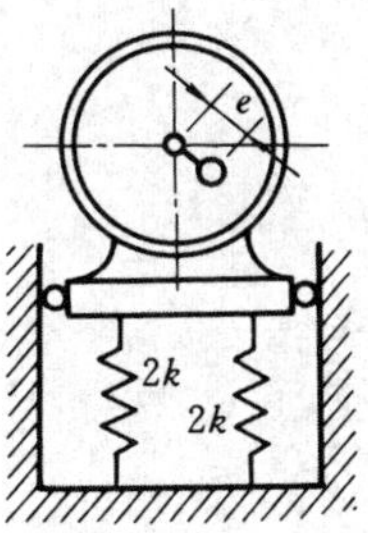

2. 振系如图所示,已知:曲柄 OD 长 $r=2\,cm$,以匀角速 $\omega=7\,rad/s$ 转动,物体 M 的重力 $P=4\,N$,弹簧在 0.4 N 的力作用下伸长 1 cm,试求物体 M 的强迫振动方程。

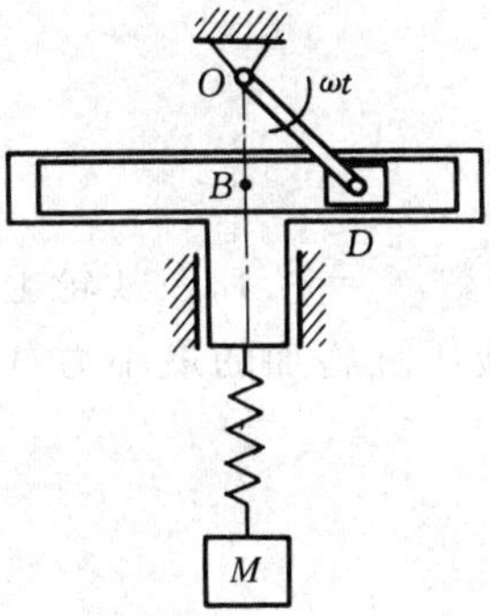

姓名　　　　　　班级　　　　　　学号　　　　　　日期

3. 杆 OB 长为 $2l$,其上的中点 D 与一刚度系数 $k=100\,\mathrm{N/m}$ 的弹簧相连,弹簧下挂一质量 $m=0.5\,\mathrm{kg}$ 的重物。已知:$l=300\,\mathrm{mm}$,点 B 的微振方程为 $\delta_B=2\sin 14t$,式中,δ_B 以 mm 计,t 以 s 计。试求系统作微振动时杆 OB 上点 D 处所受力的最大值。

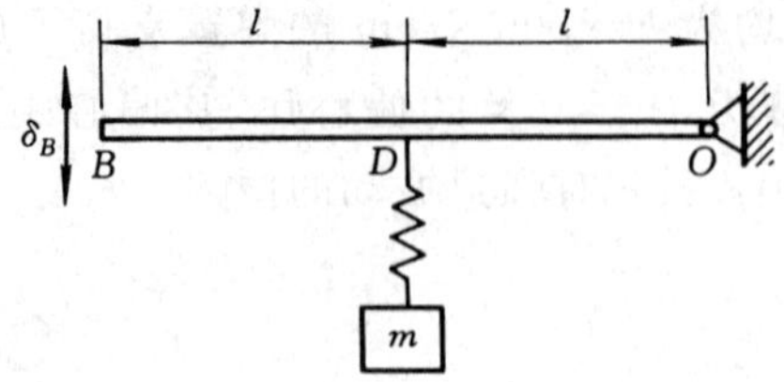

4. 单摆的悬点 O 沿水平方向以 $x=A\sin\omega t$ 运动,式中,A,ω 均为常数,摆锤的质量为 m,摆长为 l。试求在微幅的强迫振动中偏角 θ 的变化规律。

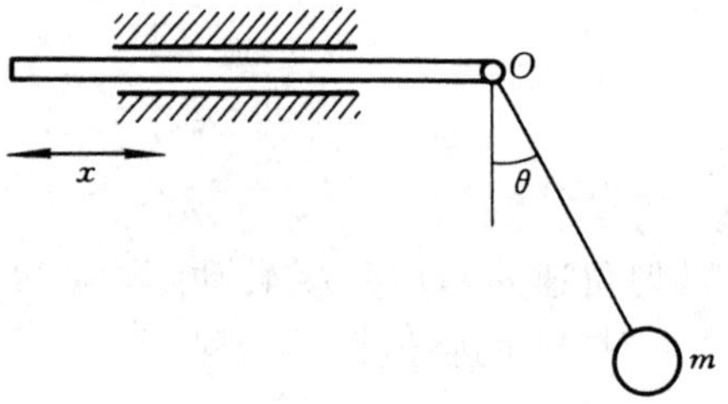

5. 图示一制动系统,已知 $l=6\,\mathrm{cm}$,$r=10\,\mathrm{cm}$,静滑动摩擦因数 $f_s=0.4$,在鼓轮上作用有一力偶矩为 $M=500\,\mathrm{N\cdot cm}$ 的力偶。试求鼓轮未转时 B 处液压缸施加的最小力:(1)施加的力偶为顺时针转向;(2)施加的力偶为逆时针转向。

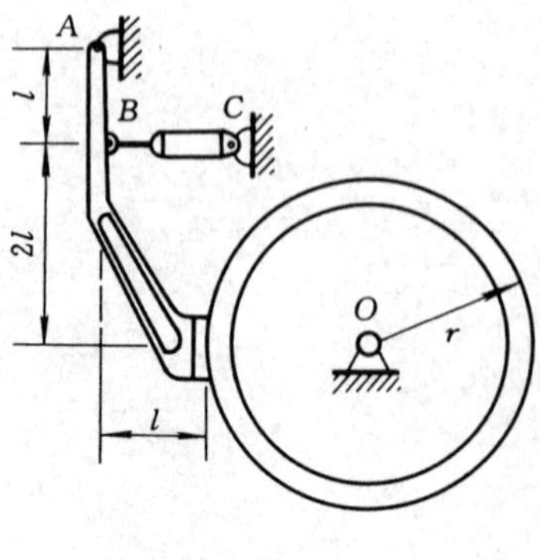